· 高等学校计算机基础教育教材精选 ·

Visual Basic程序设计教程

冯烟利 主编

葛诗煜 副主编

清华大学出版社

北京

内 容 简 介

本书从初学者的角度出发，介绍了 Visual Basic 程序设计的相关知识，主要内容包括 Visual Basic 程序设计概述、Visual Basic 的快速入门、Visual Basic 的语言基础、结构化程序设计知识、数组、过程、常用控件、界面设计、文件操作、数据库编程基础等内容，并根据每一章的重点和难点知识编写了相应的思考题。

本书内容面向基础，深入浅出，精选趣味性、综合性强的教学案例，强化编程实践，是学习 Visual Basic 程序设计十分有用的一本教程，可作为高等学校的教材，也可供自学者参考。

图书在版编目（CIP）数据

Visual Basic 程序设计教程/冯烟利主编. —北京：清华大学出版社，2011.2
（高等学校计算机基础教育教材精选）
ISBN 978-7-302-24708-1

Ⅰ. ①V…　Ⅱ. ①冯…　Ⅲ. ①BASIC 语言－程序设计－高等学校－教材
Ⅳ. ①TP312

中国版本图书馆 CIP 数据核字（2011）第 015441 号

责任编辑：白立军　赵晓宁
责任校对：梁　毅
责任印制：李红英

出版发行：清华大学出版社　　　　　　　　地　　　址：北京清华大学学研大厦 A 座
　　　　　http://www.tup.com.cn　　　　　邮　　　编：100084
　　社　　总　　机：010-62770175　　　　邮　　　购：010-62786544
　　投稿与读者服务：010-62795954，jsjjc@tup.tsinghua.edu.cn
　　质　量　反　馈：010-62772015，zhiliang@tup.tsinghua.edu.cn

印　刷　者：三河市君旺印装厂
装　订　者：三河市新茂装订有限公司
经　　　销：全国新华书店
开　　　本：185×260　　印　张：15　　　　字　　数：356 千字
版　　　次：2011 年 2 月第 1 版　　　印　　次：2011 年 2 月第 1 次印刷
印　　　数：1～4500
定　　　价：27.00 元

产品编号：039324-01

Visual Basic 程序设计语言课程的教学主要包括两个方面的内容,即程序设计语言和可视化界面设计。程序设计语言介绍 Visual Basic 的基本知识、基本语法、编程方法和常用算法,通过这部分学习,可以培养学生分析问题、解决问题的能力,这是 Visual Basic 程序设计语言课程的重点和难点;可视化界面设计是实际应用中不可缺少的,由于用户界面的直观,因此 Visual Basic 的界面设计比较容易掌握和理解。

本书作者在总结多年教学经验的基础上,编写了这本适合初学者使用的 Visual Basic 语言教程。本书内容面向基础,深入浅出,精选了趣味性、综合性强的教学案例,多数案例结合基本算法,强化编程实践,面向应用。

本书共分 10 章,主要包括 Visual Basic 程序设计概述、Visual Basic 的快速入门、Visual Basic 的语言基础、结构化程序设计知识、数组、过程、常用控件、界面设计、文件操作、数据库编程基础等内容,并根据每一章的重点和难点知识编写了相应的思考题。为了辅助本教材的使用,本书配套有《Visual Basic 程序设计实验教程》,供读者在学习、练习和上机实践时使用。

本书的第 1 章由冯烟利、杜玫芳编写,第 2 章由陈思佳编写,第 3 章由赵燕丽编写,第 4 章由方向编写,第 5 章由刘欣荣编写,第 6 章由王丽娜编写,第 7 章由肖雪娜编写,第 8 章由贾颖编写,第 9 章由肖晓飞编写,第 10 章由冯泽涛编写。全书由冯烟利、葛诗煜统稿。

限于编者的水平,另外编写的时间也比较仓促,本教材在内容和文字方面可能存在一些问题,恳请读者批评指正。

编　者
2010 年 11 月

目录

第 1 章 Visual Basic 程序设计概述

Visual Basic 是目前流行的一种面向对象的可视化程序设计语言,简单、易上手。Visual Basic 拥有图形用户界面(GUI)和快速应用程序开发(RAD)系统,其基于事件驱动运行机制是学习开发 Windows 环境下应用程序首选的程序设计语言。本章对 Visual Basic 作简要的整体叙述,主要内容包括 Visual Basic 的发展、特点、集成开发环境及面向对象的基本概念等。

1.1 Visual Basic 简介

1.1.1 Visual Basic 的概念

Visual Basic 简称 VB,是当今世界上应用最为广泛的编程语言之一,它也被公认为编程效率最高的一种编程方法。无论是开发功能强大、性能可靠的商务软件,还是编写能处理实际问题的实用小程序,Visual Basic 都是最快速、最简便的方法。

Visual Basic 与 Basic 程序设计语言有密切的关系,它沿用了早期 Basic 语言中的一些语法,但与 Basic 相比又有着脱胎换骨的变化,功能的强大绝非 Basic 所能比拟的。

Basic(Beginners all-purpose Symbolic Instruction Code)指的是初始者通用符号指令代码语言,诞生于 20 世纪 60 年代初期,Basic 语言以它简单易学、使用方便的特点,一直被大多数初学者作为入门程序设计语言之首选。但随着计算机技术的快速发展,以及 Windows 操作系统的流行,Basic 语言的缺点逐渐显现出来,1991 年 Microsoft 公司推出了 Visual Basic。

Visual 意思是可视的、可见的,指的是开发像 Windows 操作系统的图形用户界面(Graphic User Interface,GUI)的方法,它不需要编写大量代码去描述界面元素的外观和位置,只要把预先建立的对象拖放到屏幕上相应的位置即可。使用 Visual Basic,用户可以很方便地设计出具有 Windows 风格图形界面的应用软件。

1.1.2 Visual Basic 的发展历程

1988 年,微软公司推出 Windows 操作系统,进入了鼠标操作的图形界面时代,同时开发在 Windows 环境下的应用程序成为 20 世纪 90 年代软件开发的主导潮流,可视化程序设计语言正是在这种背景下应运而生的。

1991 年，微软公司推出 Visual Basic 1.0，比尔·盖茨曾说，Visual Basic 是"用 Basic 语言开发 Windows 应用程序最强有力的工具"、"令人震撼的新奇迹"。Visual Basic 的诞生标志着软件设计和开发的一个新时代的开始。

随着 Windows 操作平台的不断成熟，Visual Basic 版本也不断升级。自 Visual Basic 1.0 之后，微软公司又相继推出了 Visual Basic 2.0(1992 年)，Visual Basic 3.0(1993 年)，Visual Basic 4.0(1995 年)，这些版本主要应用于 Windows 3.X 环境中 16 位应用程序的开发。1997 年，微软公司发布了 Visual Basic 5.0，它是一个 32 位应用程序开发工具，可以运行在 Windows 9.X 或 Windows NT 环境中。1998 年推出 6.0 版。2001 年，Visual Basic .NET 发布，相对于传统的 Visual Basic，有很大的不同。从 1.0 到 4.0 只有英文版，而 5.0 版以后的版本都有相应的中文版，大大方便了中国用户。随着版本的改进，Visual Basic 更加简单易学，功能也日益强大。

1.1.3 Visual Basic 的特点

1. 提供了面向对象的可视化编程工具

Visual Basic 采用了面向对象的程序设计方法（Object Oriented Programming，OOP）。它的基本思路是把程序和数据封装在一起而视为一个对象。所谓"对象"就是一个可操作的实体，如窗体、窗体中的命令按钮、标签、文本框等。程序设计时用户不必为界面设计编写程序代码，只需要利用系统提供的工具，在屏幕上"画"出各种对象，然后编写实现程序功能的那部分代码即可，从而大大提高了程序设计的效率。

2. 事件驱动机制

在 Windows 环境下，程序是以事件驱动方式运行的，每个对象都能响应多个不同的事件，每个事件都能驱动一段代码——事件过程，该代码决定了对象的功能。通常称这种机制为事件驱动。事件可由用户的操作触发，也可以由系统或应用程序触发。例如，单击一个命令按钮，就触发了按钮的 Click(单击)事件，该事件中的代码就会被执行。若用户未进行任何操作(未触发事件)，则程序就处于等待状态。整个应用程序就是由彼此独立的事件过程构成的。

3. 软件的集成式开发

Visual Basic 为编程提供了一个集成开发环境。在这个环境中，编程者可设计界面、编写代码、调试程序，直至把应用程序编译成可在 Windows 中运行的可执行文件，并为它生成安装程序。Visual Basic 的集成开发环境为编程者提供了很大的方便。

4. 结构化的程序设计语言

Visual Basic 具有丰富的数据类型，是一种符合结构化程序设计思想的语言，而且简单易学。此外作为一种程序设计语言，Visual Basic 还有许多独到之处。

5. 强大的数据库访问功能

Visual Basic 利用数据控件可以访问多种数据库,对数据库的访问主要是通过 ADO 控件或 ODBC 功能实现的,对数据库的操作是通过 Visual Basic 6.0 提供的简单命令集实现的。Visual Basic 6.0 提供的 ADO 控件,不但可以用最少的代码实现数据库操作和控制,也可以取代 Data 控件和 RDO 控件。

6. 支持对象的链接与嵌入技术

Visual Basic 的核心是对对象的链接与嵌入(Object Linking and Embedding,OLE)技术的支持,它是访问所有对象的一种方法。利用 OLE 技术,能够开发集声音、图像、动画、字处理、Web 等对象于一体的程序。

7. 网络功能

Visual Basic 6.0 提供了 DHTML(Dynamic HTML)设计工具。利用这种技术可以动态创建和编辑 Web 页面,使用户在 Visual Basic 中开发多功能的网络应用软件。

8. 多个应用程序向导

Visual Basic 提供了多种向导,如应用程序向导、安装向导、数据对象向导和数据窗体向导,通过它们可以快速地创建不同类型、不同功能的应用程序。

9. 支持动态交换、动态链接技术

通过动态数据交换的编程技术,Visual Basic 开发的应用程序能与其他 Windows 应用程序之间建立数据通信。通过动态链接库技术,在 Visual Basic 程序中可方便地调用 C 语言或汇编语言编写的函数,也可调用 Windows 的应用程序接口(Application Programming Lnterface,API)函数。

10. 联机帮助功能

在 Visual Basic 中,利用帮助菜单和 F1 功能键,用户可随时方便地得到所需要的帮助信息。Visual Basic 帮助窗口中显示了有关的示例代码,通过复制、粘贴操作可获取大量的示例代码,为用户的学习和使用提供方便。

1.2　Visual Basic 的安装与启动

1.2.1　运行 Visual Basic 的软件和硬件环境

Visual Basic 6.0 对计算机硬件和软件环境的要求并不高,目前使用的计算机无论硬件和软件环境都远远超过了其最低需求,其中硬件要求如下所示。

（1）具有 486DX66、Pentium 或更高的微处理器。

（2）在 Windows 95/98 下至少需要 16MB 以上内存，Windows NT 下需要 32MB 以上内存。

（3）VGA 或更高分辨率的显示器。

（4）硬盘空间：

① 学习版：典型安装需 48MB，完全安装需 80MB。

② 专业版：典型安装需 48MB，完全安装需 80MB。

③ 企业版：典型安装需 78MB，完全安装需 147MB。

④ MSDN：至少需要 67MB。MSDN 是 Visual Basic 帮助文件所必需的，它包含了 Visual Basic 的编程技术信息及其他资料，Visual Basic 6.0 的联机帮助文档采用 HTML 格式。

（5）软件要求：Windows 95 以上的版本操作系统。

1.2.2　Visual Basic 的版本

Visual Basic 6.0 包括 3 种版本，分别为学习版、专业版和企业版。这 3 个版本分别适合由低到高的用户层次，大多数应用程序可以在这 3 种版本中通用。本书主要介绍 Visual Basic 6.0 的基本功能，对 3 个版本都适用。

1. 学习版

此版本是最基础的版本，它包括全部内部控件（也叫标准控件）、网格（Grid）控件、选项卡以及数据绑定控件。学习版经济实惠、易学易用，适用于普通学习者及大多数使用 Visual Basic 开发一般 Windows 应用程序的人员。

2. 专业版

此版本为专业编程人员提供了一整套用于软件开发的功能完善的工具。除了包含学习版的全部功能，同时还包括 ActiveX 控件、Internet 信息服务控件、数据库服务工具、DHTML（Dynamic HTML）页面的设计等，强大的功能还体现在 ActiveX 部件应用程序和 ActiveX 部件等方面。

专业版的使用对象是具有一定 Visual Basic 编程经验的软件开发人员。

3. 企业版

此版本可供专业编程人员开发功能强大的组内分布式应用程序。除了包含专业版的全部功能，还增加了 Back Office 工具，例如 SQL 服务器、Microsoft Transaction Server、Internet Information Server 以及 Visual SourceSafe 等。

利用企业版能够创建远程自动对象链接和嵌入服务器应用程序，可以通过网络远程调用运行。企业版为软件开发团队开发大型的网络环境下的应用软件体系提供了强有力的支持。

1.2.3 Visual Basic 的安装

　　Visual Basic 6.0 以上的版本大都是光盘版。和大多数 Windows 程序一样,不能直接把 Visual Basic 语言系统复制到硬盘上,也不能在光盘上直接运行 Visual Basic 系统,而必须通过 Visual Basic 系统的安装程序把它安装到硬盘上。Visual Basic 的安装程序名为 Setup.exe,双击即可运行,进入安装界面后,安装程序会自动引导进行安装,在必要时进行一些选择或少许输入。

　　下面以 Visual Basic 6.0 中文企业版的安装为例,简述其安装步骤。

1. 启动安装程序

　　当把光盘插入 CD-ROM 驱动器后,系统自动启动安装程序,或以浏览方式打开光盘,运行其中的 setup.exe 安装程序,进入如图 1.1 所示的安装界面。

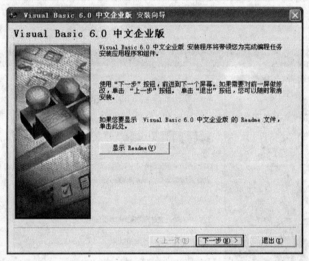

图 1.1　安装界面

2. 选择安装方式

　　在安装过程中,当安装程序运行到如图 1.2 所示的对话框时,可根据使用需要选择一种安装方式。

3. 选择安装目录

　　在安装程序运行到如图 1.3 所示的对话框时,安装程序初始化时设置的安装目录是 C：\Program Files\Microsoft Visual Basic 或 C：\Program Files\Microsoft Visual Studio(Visual Basic 6.0 为 Visual Studio 企业版的一个组件)文件夹。用户可以单击“浏览”按钮,选择一个文件夹或新建一个 Visual Basic 6.0 的文件夹,改变其安装路径,方便管理。对于普通用户推荐使用默认的安装目录。

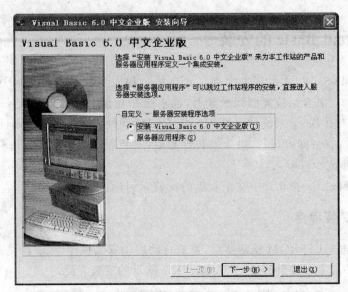

图 1.2　定制选择

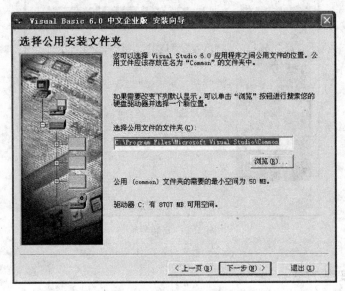

图 1.3　选择安装文件夹

4. 选择安装类型

在图 1.3 所示的对话框中单击"安装 Visual Basic 6.0 中文企业版"单选按钮后,进入 Visual Basic 6.0 安装类型选择对话框,如图 1.4 所示。用户选择典型安装方式,则安装程序把 Visual Basic 6.0 中的所有的开发工具全部安装;选择自定义安装方式,则安装程序提示用户选择可以安装的开发工具菜单(可以选择一项,也可以选择多项)。若在对话框中选择"服务器应用程序"单选按钮,则进入服务器安装对话框。

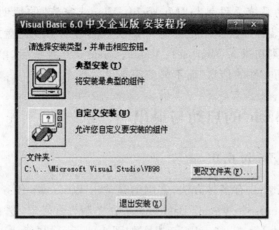

图 1.4　安装类型选择

5. 服务器组件的选择

安装程序将提示一组可安装的应用程序,供用户选择,如图 1.5 所示,用户可根据向导中的提示选择列表中的服务器组件。

图 1.5　选择服务器组件

6. 安装完成后重新启动

在安装时,Visual Basic 6.0 的一些动态链接库和系统文件会自动复制到 Windows 的 System 文件夹下。Visual Basic 6.0 安装程序在安装完毕时,要求重新启动计算机,以更新系统的配置。

Visual Basic 6.0 安装完成后,在"开始"菜单的"程序"中会出现 Visual Basic 6.0 启动子菜单。

对于 Visual Basic 6.0 系统,其帮助系统的文件一般与 Visual Basic 6.0 系统文件不在同一张光盘上,帮助系统文件是与"Microsoft Visual 家族"的帮助系统同在一张光盘上,在安装过程中,安装程序会提示把标有"MSDN"的帮助系统光盘放入光盘驱动器,然后安装帮助信息。否则在进入 Microsoft Visual Basic 6.0 系统后,单击"帮助(Help)"菜单会显示"找不到帮助文件的信息"而不能获得帮助。

1.2.4　Visual Basic 的启动与退出

1. 启动 Visual Basic 6.0

启动 Visual Basic 6.0 有多种方法,常用的是单击 Windows 任务栏中的"开始"按钮,在"程序"中找到"Microsoft Visual Basic 6.0 中文版"子菜单,选择 Microsoft Visual Basic 6.0 菜单项,启动 Visual Basic 6.0 进入如图 1.6 所示的"新建工程"对话框。

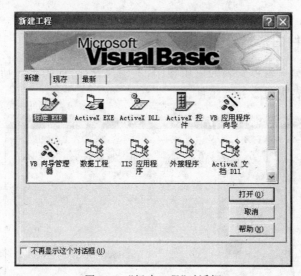

图 1.6　"新建工程"对话框

使用 Visual Basic 可以生成下列应用程序类型。

(1) 标准 EXE:创建一个标准的可执行文件,这个类型的应用程序可以使用旧版本的 Visual Basic 开发。

(2) ActiveX EXE:创建一个 ActiveX 可执行文件。

(3) ActiveX DLL:创建一个 ActiveX DLL 文件。这种文件与 ActiveX EXE 文件功能相同,只是包装不同。

(4) ActiveX 控件:创建一个 ActiveX 控件。

(5) Visual Basic 应用程序向导:这个向导可以帮助用户建立新的应用程序框架。用户在开发自己的工程时可能要用到。但是修改向导生成的框架代码与从头开始编写应用程序相比,过程并不轻松。

(6) ActiveX 文档 EXE 和 ActiveX 文档 DLL:ActiveX 文档实际上是可以在支持超链接的容器中运行的 Visual Basic 程序。这个环境可能就是一个 Web 浏览器,如

Internet Explorer。

　　（7）ADDIN：建立自定义的 Visual Basic IDE 外接程序。

　　（8）Data 工程：创建一个数据工程。

　　（9）DHTML 应用程序：创建一个 IIS 应用程序。

2. 退出 Visual Basic 系统

　　退出 Visual Basic 程序和退出其他 Windows 的应用程序方法相同，大致有三种方式：一是从 Visual Basic 系统的"文件(File)"菜单中"退出"；二是从 Visual Basic 系统标题控制图标"关闭"；三是单击标题栏中的"关闭"按钮。

　　无论采用哪种方法退出，如果在"退出"操作之前没有对修改过的文件存盘，退出前 Visual Basic 系统都会提示是否保存这些文件。有关保存文件的方法请参看第 2 章。

1.3　Visual Basic 的集成开发环境 IDE

　　Visual Basic 集成开发环境（Integrated Development Environment，IDE）是提供设计、运行和测试应用程序所需要的各种工具的一个工作环境。这些工具相互协调、补充，大大减少了程序开发的难度。其环境界面如图 1.7 所示。Visual Basic 集成开发环境中除了 Microsoft 应用软件常规的主窗口外，还包括几个独立的窗口，下面将逐一介绍。

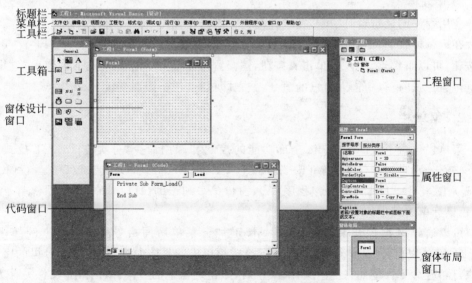

图 1.7　Visual Basic 6.0 的集成开发环境

1.3.1　主窗口

　　主窗口是 Visual Basic 6.0 中最主要的窗口，它主要由"标题栏"、"菜单栏"、"工具栏"

组成。它几乎包含了 Visual Basic 全部内容的管理和概念的调用。

1. 标题栏

标题栏主要由工程图标、工程名、开发状态和窗口控制按钮构成。新建工程的标题栏默认显示是"工程 1—Microsoft Visual Basic[设计]",说明此时开发状态为"设计"模式;当程序进入其他状态时,方括号中的文字随之变化。

Visual Basic 有下列三种工作模式,通常可以通过工具栏中的三个按钮 ▶、❚❚、■ 来转换模式:

1) 设计模式

设计模式是集成开发环境下的基本模式,开发应用程序的大部分时间都在这个模式下。通过用户界面设计和编写代码,来完成应用程序的开发;在这种模式下既能修改界面又能修改代码。

在设计模式下只有 ▶ 按钮(启动)可以使用。

2) 运行模式

程序的运行阶段。在这种模式下既不能修改界面也不能修改代码。

程序设计完成后,单击 ▶ 按钮可以进入运行模式,也可以使用"运行"菜单的"启动"命令。在运行模式下,工具箱、工程资源管理器窗口、属性窗口等都消失,此时工具栏的 ▶ 按钮不可使用,单击 ❚❚ 按钮可以进入中断模式,单击 ■ 按钮可以回到设计模式。

3) 中断模式

应用程序的运行暂时中断,在这种模式下能修改代码,但不能修改界面。

在运行模式下,当程序出现错误或者单击按钮都可进入中断模式。按 F5 键或单击 ▶ 按钮,可以继续运行程序;单击 ■ 按钮,停止程序的运行。在此模式下会弹出"立即"窗口,可以在立即窗口中输入简短的命令,并立即执行,便于跟踪变量。

2. 菜单栏

菜单栏包含了 Visual Basic 全部功能的控制和调用命令,分类在 13 个下拉式菜单中。它们分别是文件(F)、编辑(E)、视图(V)、工程(P)、格式(O)、调试(D)、运行(R)、查询(U)、图表(I)、工具(T)、外接程序(A)、窗口(W)和帮助(H)。每个菜单项都有下拉菜单,用鼠标单击其中的命令,即可执行。

可以通过键盘打开菜单,方法是 Alt 键加上菜单后面括号里的字母。例如,通过 Alt＋F 键可以打开"文件"菜单。对于下拉式菜单中的具体命令,直接敲括号里的字母即可执行相应命令。例如,打开"文件"菜单后,敲击键盘上的 S 键即可弹出"文件另存为"对话框。

Visual Basic 的 13 个菜单项不逐一介绍,仅重点介绍以下常用菜单:

1) "视图"菜单

此菜单主要用于切换 Visual Basic 窗口的视图格式,便于用户使用 Visual Basic 的集成开发环境,如图 1.8 所示。

可以通过"视图"菜单打开 Visual Basic 的"代码"窗口、"立即"窗口、"属性"窗口、"窗体布局"窗口及"工具箱"等。

2)"工程"菜单

此菜单主要用于对当前工程的管理。包括在工程中添加和删除各种工程组件,显示当前工程的结构和内容等命令,如图1.9所示。

图1.8 "视图"菜单   图1.9 "工程"菜单

3)"工具"菜单

此菜单列出可供使用的各项工具,如过程控制、菜单设计器、工程和环境选项等。最常用的是其中的"选项"命令,打开的"选项"对话框如图1.10所示。例如,可以在"编辑器"选项卡下,设置"要求变量声明";可以在"编辑器格式"选项卡下,设置"代码"等窗口的字体格式等。

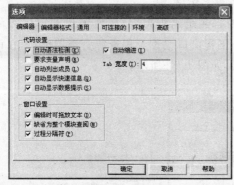

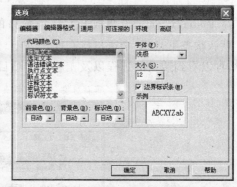

(a) "编辑器" 选项卡   (b) "编辑器格式" 选项卡

图1.10 "工具"菜单的"选项"对话框

3. 工具栏

工具栏中包含若干个快捷工具按钮,它们是从菜单栏的子菜单众多功能项中提取出来的一些常用功能的操作命令。以图标按钮形式表示,当鼠标光标位于其上时,显示其功能的文字提示。使用它们可以缩短程序设计时间,提高开发效率,如图1.11所示。

图 1.11 "标准"工具栏

图1.11所示是标准工具栏,其他工具栏可以通过"视图"菜单的"工具栏"选取。双击工具栏左侧的两条竖线,可以把工具栏改为浮动状态,便于拖动到窗口的任意位置。

1.3.2 窗体设计器窗口

窗体设计窗口是用于设计应用程序界面的窗口,也是 Visual Basic 中最重要的一个窗口。在该窗口中,可以添加各种控件来创建所需要的各种应用程序的外观。应用程序的每个窗体都拥有自己的窗体设计窗口,同时,一个应用程序可以有多个窗体,可通过"工程"菜单的"添加窗体"命令添加新窗体。

新建工程默认的窗体名称为 Form1。设计状态的窗体有网格点,方便用户对控件的对齐、大小和位置的控制。网格点间距可以通过"工具"菜单的"选项"命令,在"通用"选项卡的"窗体网格设置"中设计,默认的高和宽都是120Twip(缇,1厘米≈567Twips,1英寸≈1440Twips)。

窗体界面即最终运行用户所见的界面,可以在设计时直接拖动边框来改变其大小,也可更改其宽度(Width)和高度(Height)属性值来改变其大小。

1.3.3 工程窗口

在 Visual Basic 6.0 集成开发环境窗口的右侧是工程窗口、属性窗口和窗体布局窗口。默认状态下,这3个窗口排在同一列上。工程窗口也称工程资源管理器窗口,在该窗口中,可以看到装入的工程以及工程中的项目,如图1.12所示。

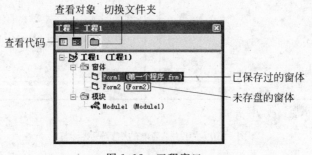

图 1.12 工程窗口

工程窗口是一个活动的窗口,可以用鼠标单击其标题栏,然后按住鼠标左键,任意移动。单击工程窗口标题栏上的关闭按钮,关闭该窗口。需要查看时,可选择"视图"菜单中的"工程窗口"命令。工程窗口中列出了已经装入的工程以及工程中的项目。工程中的项目可分为表 1.1 所示的 9 类。

表 1.1　工程所包含的项目

项　目　名　称	说　　　　明
工程	工程及其包含的项目
窗体	所有与此工程有关的 frm 文件
标准模块	工程中所有的.bas 模块
类模块	工程中所有的.cls
用户控件	工程中所有的用户控件
用户文档	工程中所有的 ActiveX 文档,即 doc 文件
属性页	工程中所有的属性页,即 pag 文件
相关文档	列出所有需要的文档(在此存放的是文档的路径而不是文档本身)
资源	列出工程中所有的资源

工程文件的扩展名是 vbp,工程文件名显示在工程窗口的标题栏内。Visual Basic 6.0 用层次化方式显示各类文件,允许同时打开多个工程,并以工程组的形式显示。本书不涉及工程组的操作。

工程中主要包含三类文件。

(1) 窗体文件(.frm):该文件储存窗体上使用的所有控件对象、对象的属性、对象相应的事件过程及程序代码。一个应用程序至少包含一个窗体文件,也可以包含多个窗体。

(2) 标准模块文件(.bas):所有模块级变量和用户自定义的通用过程都可产生这样的文件。一个通用过程是指可以被应用程序各处调用的过程。

(3) 类模块文件(.cls):可以用类模块来建立用户自己的对象。类模块包含用户对象的属性及方法,但不包含事件代码。

工程窗口中有三个按钮。

(1) "查看代码"按钮:切换到代码窗口,显示和编辑代码。

(2) "查看对象"按钮:切换到窗体窗口,显示和编辑对象。

(3) "切换文件夹"按钮:切换工程中的文件是否按类型显示,若按类型显示,则以树形的结构、文件夹的方式显示。

在工程资源管理器窗口中,对象名称后面的括号里表示工程、窗体、标准模块等保存在磁盘上的文件名,带扩展名的表示已经保存过,没带扩展名表示还未存盘。

1.3.4　属性窗口

Visual Basic 6.0 中,窗体及窗体上的每个控件都用不同的属性描述其特征,例如颜色、字体、位置、大小等。每个对象的属性可以通过属性窗口中的属性项改变或设置,也可以在程序代码中进行设置。在初始化时,每个窗体或控件都有一组默认的属性值,称作默认值。属性窗口如图 1.13 所示。

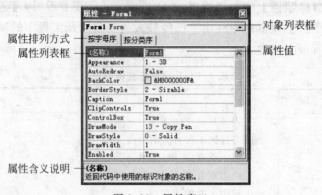

图 1.13　属性窗口

1．对象列表框

该列表框用来显示当前的对象名，并附上所属的控件类。对象列表框右边有一个下拉按钮，单击该按钮，在其下拉列表中列出本窗体上所有控件的名称及所属的类。

2．属性排列方式

属性有两种排列方式：一个是按字母顺序排列的属性，另一个是按逻辑（如与外观，字体或位置有关）分类的层次结构视图。用户可根据习惯选用"按字母序"选项卡或"按分类序"选项卡，属性设置结果是相同的。

3．属性列表框

该列表框是属性窗口的主体。属性列表框上列出所选对象在设计模式下可更改的属性及值。左列显示所选对象的全部属性，右列是可编辑和查看的属性设置值。

4．属性含义说明

当在属性列表框内选择某一属性时，在该区域显示该属性的名称及含义，帮助用户学习属性。

1.3.5　代码编辑窗口

在窗体设计窗口选择窗体或对象后双击，就可以打开代码窗口，如图 1.14 所示。

代码窗口是专门用来进行代码设计的窗口，各种事件过程、用户自定义过程等代码的编写和修改都在此窗口中进行，这也是整个程序设计的关键。当然，要编写出功能强大的程序代码，必须对 Visual Basic 语言的命令和语法十分了解。

代码窗口包括以下内容：

（1）对象列表框：显示包括窗体在内的当前窗体上的所有对象，单击可选中其中

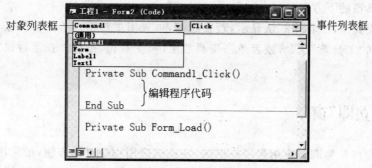

对象列表框 ──── 事件列表框

图 1.14 "代码"窗口

一项。

（2）事件列表框：列出所有对应于所选对象的事件过程名称和用户自定义过程名称。

当选择好对象和事件过程后，就会在下面的编辑区域自动生成事件过程模板，用户可在模板内编写代码。例如，图 1.14 中选择了 Command1 对象的 Click 事件过程，则在下方出现过程框架"Private Sub…End Sub"，在中间部分填写代码即可。

1.3.6 工具箱

工具箱提供了一组工具，用于用户界面的设计。Visual Basic 6.0 工具箱中的控件及其名称如图 1.15 所示。

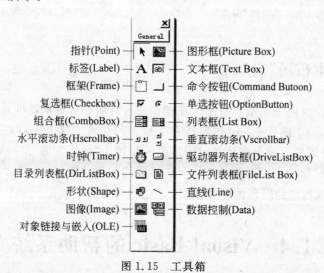

指针(Point) ── 图形框(Picture Box)
标签(Label) ── 文本框(Text Box)
框架(Frame) ── 命令按钮(Command Butoon)
复选框(Checkbox) ── 单选按钮(OptionButton)
组合框(ComboBox) ── 列表框(List Box)
水平滚动条(Hscrollbar) ── 垂直滚动条(Vscrollbar)
时钟(Timer) ── 驱动器列表框(DriveListBox)
目录列表框(DirListBox) ── 文件列表框(FileList Box)
形状(Shape) ── 直线(Line)
图像(Image) ── 数据控制(Data)
对象链接与嵌入(OLE)

图 1.15 工具箱

默认的工具箱并列放置两排控件，显示有 21 个按钮图标，其中包括 Visual Basic 的 20 个标准控件和 1 个指针图标（指针不是控件，用于移动窗体和控件以及调整其大小）。每当通过"工程"菜单的"部件"命令来增加其他的 ActiveX 控件时，新增加的工具按钮就会出现在工具箱的下方。

在设计模式下,工具箱默认显示,若要隐藏,可关闭工具箱。若要再次显示,可以通过"视图"菜单的"工具箱"命令,或者单击工具栏上的"工具箱"按钮。在运行模式下,工具箱不可见。

1.3.7 "立即"窗口

"立即"窗口是为调试应用程序提供的,在调试应用程序时最方便,最常用。

可以在程序代码中利用 Debug.Print 方法,把输出送到"立即"窗口,例如,想了解变量 number 的变化,可以在程序的某行写入:

```
Debug.Print "number=" ; number
```

这样当程序运行到这一行时,就会在"立即"窗口出现结果。

也可以直接在立即窗口中使用 Print 或"?"显示变量或表达式的值,如图 1.16 所示。

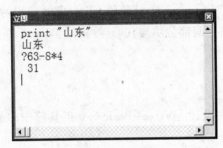

图 1.16 "立即"窗口

图 1.17 "窗体布局"窗口

1.3.8 "窗体布局"窗口

"窗体布局"窗口用于显示当前窗体在程序运行时所处的显示器屏幕位置。在该窗口中,使用表示窗体的小图标来布置各窗体在屏幕上的位置。这个窗口在多窗体应用程序中很有用,因为可以指定每个窗体相对于屏幕的位置。"窗体布局"窗口如图 1.17 所示。

在"窗体布局"窗口中可以拖动 Form 到屏幕的任何位置,运行程序后就会看到主窗口中 Form 确实在指定的屏幕位置上显示。

1.4　Visual Basic 的帮助系统

Visual Basic 提供了功能非常强大的帮助系统,这是我们学习 Visual Basic 和查找资料的重要渠道。从 Microsoft Visual Studio 6.0 开始,Microsoft 将所有可视化编程软件的帮助系统统一采用全新的 MSDN(Microsoft Developer Network)文档形式提供给用户。MSDN 实际上就是 Microsoft Visual Studio 的庞大的知识库,完全安装后将占用

1GB 左右的磁盘空间,内容包含 Visual Basic、Visual FoxPro、Visual C++ 和 Visual J++ 等编程软件使用到的各种文档、技术资料和工具介绍,还有大量的示例代码。

1.4.1　安装 MSDN

Microsoft 提供的 MSDN Library Visual Studio 6.0 安装程序存放在两张光盘上,用户也可以通过相关网站进行下载安装。通过光盘安装时,只要运行第一张光盘上的 setup.exe 程序,就将看到依次出现如图 1.18 与图 1.19 所示的"MSDN Library 安装程序"界面。

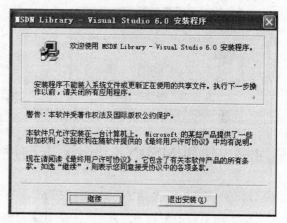

图 1.18　MSDN Library 安装程序界面 1　　　　图 1.19　MSDN Library 安装程序界面 2

当如图 1.20 所示的选择安装类型的窗口出现时,可以根据需要选择"典型安装"、"自定义安装"或"完全安装"。"典型安装"方式允许用户从光盘上运行 MSDN Library。Setup 程序只将最小的文件集复制到本地硬盘上。这些文件包括 MSDN 查阅器的系统文件、目录索引文件,以及 Visual Studio 开发产品要使用的帮助文件。

图 1.20　选择安装类型

在"自定义安装"方式中可以指定在本地硬盘安装哪些 MSDN Library 文件。所选的文件将会与"典型"方式安装中所提到文件一起复制到本地硬盘上,仍可看到完整的 Library 目录。如果所选择的内容尚未安装在本地硬盘上,则会提示插入 MSDN Library CD。因此,选择特定的自定义安装选项可加速搜索,并可减少与光盘的数据交换量。

选择安装类型后,将进入如图 1.21 所示的程序安装过程。

MSDN Library 程序安装完成后,将出现如图 1.22 所示的界面,单击"确定"按钮结束整个安装过程。

图 1.21　安装程序进度

图 1.22　安装完成

1.4.2　使用 MSDN Library 查询设计器

MSDN Library 是用 Microsoft HTML Help 系统制作的。HTML Help 文件在一个类似于浏览器的窗口中显示,该窗口不像完整版本的 Internet Explorer 那样带有所有工具栏、书签列表和最终用户可见的图标,它只是一个分为三个窗格的帮助窗口。MSDN Library 程序安装成功后,可以用两种方法打开 MSDN Library Visual Studio 查阅器。

方法 1:选择"开始"|"程序"|Microsoft Developer Network|MSDN Library Visual Studio 6.0(CHS)。

方法 2:在 Visual Basic 窗口中,直接按 F1 键或选择"帮助"菜单下的"内容"、"索引"或"搜索"菜单项均可。

MSDN Library 查阅器的窗口打开后如图 1.23 所示。

窗口顶端包含工具栏,左侧的窗格以树形列表显示了 Visual Studio 产品的所有帮助信息,包含有各种定位方法;而右侧的窗格则显示主题内容,此窗格拥有完整的浏览器功能。任何可在 Internet Explorer 中显示的内容都可在 HTML Help 中显示。定位窗格包含"目录"、"索引"、"搜索"及"书签"选项卡。单击目录、索引或书签列表中的主题,即可浏览 Library 中的各种信息。"搜索"选项卡可用于查找出现在任何主题中的所有单词或短语。

MSDN Library 包含了 Visual Studio 6.0 帮助信息的全部目录集合,若用户只想查阅某些主题,可以使用 MSDN Library 子集。例如,仅需要 Visual Basic 帮助,在左边窗格"活动子集"下拉式列表框中选择"Visual Basic 文档"即可。

图 1.23　MSDN Library 查阅器

1.4.3　使用上下文相关帮助

所谓使用上下文相关帮助,就是在应用程序的设计过程中,可以根据当前活动窗口或者选定的某些内容来直接对帮助的内容进行定位。具体方法是:选定需要帮助的内容,然后按 F1 键,这时会打开 MSDN Library 查阅器,直接显示与选定内容有关的帮助信息。

可以选定的内容包括:

(1) Visual Basic 的每个窗口;

(2) 工具箱的控件;

(3) 窗体或窗体中的控件;

(4) 属性窗口中的属性;

(5) Visual Basic 关键词;

(6) 错误信息。

例如,在窗体的代码窗口中选择关键字 Print,然后按 F1 键,会出现如图 1.24 所示的帮助窗口,里面列出了 Print 方法的具体介绍,还可以单击上方的蓝色字体"示例",打开 Visual Basic 6.0 的 MSDN 所提供的具体示例,有助于学习该方法。

1.4.4　在 Internet 上获得帮助

打开 Visual Basic 6.0 的"帮助"菜单,选择其中的"Web 上的 Microsoft"可以弹出级联菜单,里面列出了一系列的网页链接选项,如果计算机链接了 Internet,可以方便地登录网页查看相关信息。"帮助"菜单如图 1.25 所示。

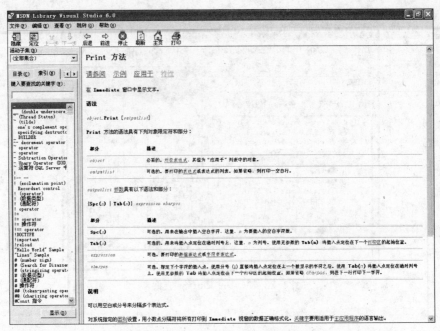

图 1.24 Print 方法的"帮助"窗口

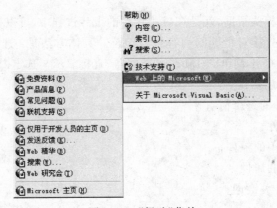

图 1.25 "帮助"菜单

1.4.5 运行 MSDN 所提供的样例

安装了 MSDN 后,默认会在 C:\Program Files\Microsoft Visual Studio\MSDN98\98VSV2052VSamples\Visual Basic98\子目录中安装上百个 Visual Basic 实例,用户可以运行其中的工程,或者通过查看代码来帮助学习、理解和掌握 Visual Basic。

例如,打开上述子目录后,打开其中的 Calc 文件夹,如图 1.26 所示。

双击其中的 CALC. Visual BasicP 工程文件,可以打开该 Visual Basic 工程,可以看到这是 Visual Basic 提供的一个计算机界面程序,如图 1.27 所示。

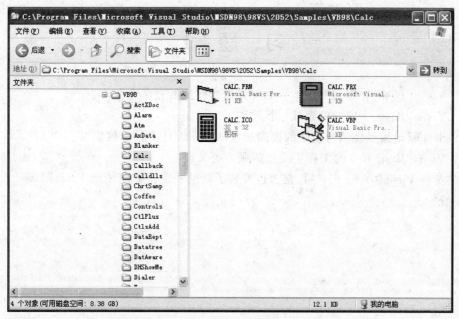

图 1.26　Visual Basic 提供的"实例"目录

图 1.27　工程窗口"实例"

在 Visual Basic 环境中,用户可以对该实例工程查看属性及代码,也可以运行该工程查看效果。这种实例对于普通用户尤其是初学者领会 Visual Basic 的编程思想和方法很有效。

习 题 1

1. Visual Basic 有哪三种版本？如何知道所使用的是哪个版本？

2. Visual Basic 主窗口的组成包括哪些？

3. 事件驱动编程机制与传统的面向过程的程序设计有什么区别？

4. Visual Basic 6.0 的工程主要包括哪几类文件？

5. 安装 Visual Basic 6.0 后，是否也安装了帮助系统？如何使用 Visual Basic 6.0 的帮助系统？

第 2 章 Visual Basic 快速入门

通过上一章的学习,相信读者对 Visual Basic 已有了一个初步的认识,在使用 Visual Basic 创建应用程序之前,还应该先了解 Visual Basic 中的一些基本概念与操作,本章首先介绍 Visual Basic 可视化程序设计中涉及的一些基本概念,再介绍如何创建简单的 Visual Basic 应用程序。通过本章的学习,读者应对 Visual Basic 可视化程序设计有一个基本的了解。

2.1 对象的概念

2.1.1 对象和类

在 Visual Basic 中,对象是代码和数据的集合,可以作为一个单位来处理。在 Visual Basic 环境下,对象可以是应用程序的一部分,如可以是控件或窗体,整个应用程序也可以是一个对象。实际上"对象"是一个很广泛的概念,要理解编程中"对象"的概念,我们还必须有一些"类"的知识。

Visual Basic 中的每个对象都是用类定义的。用饼干模子和饼干之间的关系作比喻,读者就会明白对象和它的类之间的关系。饼干模子是类,它确定了每块饼干的特征,如大小和形状。用类创建对象,对象就是饼干。在 Visual Basic 的"工具箱"上,控件代表类。在创建控件之时也就是在复制控件类,或建立控件类的实例,这个类实例就是应用程序中引用的对象。在设计时操作的窗体是类;在运行时,Visual Basic 建立窗体的类实例。我们所说的"对象",就是类的实例。Visual Basic 中对象和类的关系可参见图 2.1。

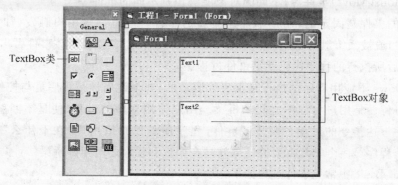

图 2.1 对象和类

在 Visual Basic 编程中,大多数是在跟对象打交道,所要做的工作便是创建对象、设置对象属性、捕获并处理来自对象的事件,而不必去关心对象的底层运作,Visual Basic 将程序员从烦琐的底层程序设计中解救出来。这正是 Visual Basic 易学易用的原因。

2.1.2　对象的属性、事件、方法

每个对象都有自己的属性、事件和方法,用来实现相应的功能,以构成应用程序。

1. 对象的属性

Visual Basic 中的每个对象都有一组特征,这组特征称为属性,不同的对象有不同的属性。常见的属性有标题(Caption)、名称(Name)、背景颜色(BackColor)、字体(Font)、是否有效(Enabled)、是否可见(Visible)等。通过修改对象的属性能够控制对象的外观和操作。设置或改变对象属性的一般步骤如下:

(1) 选中要操作的对象。

(2) 在属性窗口的属性列表中找到要设置的属性。

(3) 在设置框中输入或选择相应的设置。

改变控件的宽度或高度(Width 和 Height 属性)可以使控件变大变小;改变控件的位置(Left 和 Top 属性),可以移动控件;连续地改变控件位置,便可产生动画效果;改变控件的前景色或背景色,可以让控件产生美妙的色彩变化等。可见,属性非常重要,它是我们与控件之间的桥梁,掌握控件的属性是 Visual Basic 编程非常重要的一步。

尽管 Visual Basic 中控件很多,属性也不尽相同,但你并不需要死记哪些控件有哪些属性。在 Visual Basic 编程环境中,你能随时获得系统的提示。不过,了解常见属性的含义及其使用将提高你的编程效率。

2. 对象的事件

事件(Event)就是对象上所发生的事情。在 Visual Basic 中,事件是预先定义好的、能够被对象识别的动作,如单击(Click)事件、双击(DblClick)事件、装载(Load)事件、鼠标移动(MouseMove)事件等,不同的对象能够识别不同的事件。

对象的事件是固定的,用户不能建立新的事件。当事件被用户触发(如单击,触发Click 事件)或被系统触发(如装载,触发 Load 事件)时,对象就会对该事件做出响应,响应某个事件后所执行的程序代码就是事件过程。

Windows 下应用程序的执行是由事件驱动的,如果说属性是程序员与控件之间的桥梁,那么事件便是用户与程序之间的桥梁。用户使用程序的过程,便是不断触发各种事件,向程序下达指令的过程。离开了事件,程序便难以知道用户"在干什么"及"想干什么",因此,程序员一个非常重要的任务就是在用户和程序之间架好桥梁。

Visual Basic 中常见事件过程如下:

```
Private Sub Command1_Click()
```

```
    Label1.Caption="欢迎使用 Visual Basic!"
End Sub
```

3. 对象的方法

一般来说,方法就是要执行的动作。Visual Basic 中的方法可能是函数,也可能是过程,它用于实现某种特定功能,而不能响应某个事件。如显示窗体(Show)方法、移动(Move)方法等。

Visual Basic 中方法用得并没有属性和事件多,但方法也是 Visual Basic 控件必不可少的一部分,方法通常用于操作控件,这跟属性有点相似,但方法提供了更为直接的操作控件的途径,而且,某些控件操作是必须用控件的方法来完成的。

方法的引用与属性有点相似,用"[对象].方法名 [参数]"就可以调用控件的方法。方法可能会带参数,多参数之间用逗号分隔,参数的具体含义,要视具体控件具体方法而定。

2.1.3 对象的建立和编辑

1. 对象的建立

在窗体上建立对象的步骤如下:
(1) 在工具箱内要制作控件对象对应的图标上单击,进行选择。
(2) 将指针移到窗体上所需的位置处,按住鼠标左键拖曳到所需的大小后释放鼠标。
建立对象更方便的方法是直接在工具箱双击所需的控件对象图标,则立即在窗体中央出现一个大小为默认值的对象框。

2. 对象的选定

要对某对象进行操作,只要单击欲操作的对象就可选定该对象,并且被选中的对象四周将出现 8 个尺寸柄。

若要同时对多个对象进行操作,则要同时选中多个对象,有两种方法:
(1) 拖动鼠标指针,将要选定的对象包围在一个虚线框内即可。
(2) 先选定一个对象,按 Ctrl 键(或者 Shift 键),再单击其他要选定的控件。

例如,要对多个对象设置相同的字体,只要选定多个对象,再进行字体属性设置,则选定的多个对象就具有相同的字体。

3. 复制和删除对象

1) 复制对象

选中要复制的对象,单击工具栏中的"复制"按钮,再单击"粘贴"按钮,这时会显示是否要创建控件数组的对话框(见图 2.2),单击"否"按钮,就复制了标题相同而名称不同的对象。

注意：初学者不要用"复制"和"粘贴"方法来新建控件，因为用这种方法容易建立成控件数组，造成后面编写事件过程时出现问题。

图 2.2　控件数组提示对话框

2）删除对象

选中要删除的对象，然后按 Del 键；或者右击并选择快捷菜单中的"删除"命令。

4. 对象的命名

每个对象都有自己的名字，有了它才能在程序代码中引用该对象。建立的控件都有默认的名字，例如，Form1、Form2、Text1 之类的窗体、文本框默认名。用户也可在属性窗口通过设置 Name(名称)属性来给对象重新命名，名字必须以字母或汉字开头，由字母、汉字、数字串组成，长度不超过 255 个字符，其中可以出现下划线（但最好不用，防止同代码中的续行符相混）。

2.2　窗体的概念

众所周知 Windows 是一个基于图形用户界面的操作系统，每一个应用程序都至少有一个窗口，用于用户与程序进行交互。而在 Visual Basic 中，要创建的窗体，就是 Windows 下的窗口。Visual Basic 中的控件，都包容在窗体中。窗体是控件界面的基本构造模块。窗体是一种对象，由属性定义其外观，由事件定义与用户的交互。通过设置窗体的属性并编写相应事件的代码，就能设计出满足要求的各种用户界面，完成各种不同的任务。

2.2.1　窗体的主要属性

通过修改窗体的属性可以改变窗体内在或外在的结构特征，控制窗体的外观。窗体外观如图 2.3 所示。

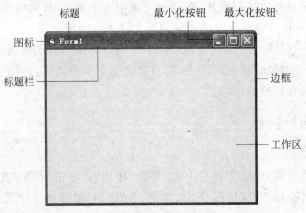

图 2.3　窗体外观

常用的窗体属性如下所示。

(1) Name 属性：在 Visual Basic 中，窗体默认的 Name 属性为 Form1，有多个窗体时依次类推，当然我们也可按照自己的需要进行命名。

(2) Caption 属性：用于设置窗口的标题。不难看到，每个应用程序的标题栏里都有一个用于识别不同应用程序的标题。通过在属性窗口里更改窗体的 Caption 属性，来使用我们自己喜欢的标题。例如我们把自己的大名之类的敏感名词写上去，并在运行此程序时显现出来，这对于初学者来说，将是一件很有成就感的事情。

(3) Icon 属性：正如标题一样，每一个程序都有一个图标，可以通过设置 Icon 属性，将我们喜爱的图标放到自己的杰作里面去。具体方法：单击属性窗口中的 Icon 属性栏，此栏的最右端将出现一个带有三个小点的按钮，单击此按钮（记住：以后碰到这种按钮，都是要我们插入一些文件），将弹出一个打开文件的对话框，选择想使用的图标文件（.ico）即可。

(4) Left，Top 和 Height，Width 属性（位置，大小属性）：我们不仅可以在属性窗口里设置这些属性，更为简单的方法是：可以用拖动鼠标的方法来改变窗体的大小（正如操作 Windows 窗口一样）。而对于位置属性，可以使用 Visual Basic 的窗体布局窗口，它位于 Visual Basic 环境的右下角，其外观如一个显示器模样，将鼠标移到此"小显示器"内的窗体上，指针立即变成一个"十字形"，此时按住鼠标左键拖动，即可改变窗体的位置。

(5) Picture 属性：此属性用来设置窗体的背景图片。在设计阶段可以直接利用属性窗口来设置，设置方法同 Icon 属性，在运行阶段可以使用 LoadPicture 函数来加载。例如：

```
Picture=LoadPicture("D:\PARTY.BMP")
```

赋值不带参数的 LoadPicture 将清除窗体中的图形。例如：

```
Picture=LoadPicture()
```

(6) MaxButton 和 MinButton 属性：这两个属性用于设置窗体的标题栏是否具有最大化和最小化按钮。两者的取值皆为 True 或 False。取 True 时，有此按钮；取 False 时，无此按钮。

(7) Moveable 属性：此属性用于设置窗体是否能移动。当它被设置为 True 时，可以通过鼠标拖动窗体；当设置为 False 时，不能拖动窗体。

(8) BorderStyle 属性：此属性用于设置窗体边框形式，默认值为 2：

0——None：窗体无边框，无法移动和改变大小。

1——Fixed Single：窗体为单线边框，可移动，不可以改变大小。

2——Sizable：窗体为双线边框，可移动和改变大小。

3——Fixed Double：窗体为固定对话框，不可以改变大小。

4——Fixed Tool Window：窗体外观与工具条相似，有关闭按钮，不能改变大小。

5——Sizable Tool Window：窗体外观与工具条相似，有关闭按钮，能改变大小。

(9) WindowState 属性：此属性用于设置窗体启动时窗体的状态，有三种形式可供选择：

0——Normal：正常显示。启动程序时窗体的大小为设置的大小，其位置即设置的位置。

1——Maximized：最大化显示。启动时窗体布满整个桌面，其效果相当于单击最大化按钮。

2——Minimized：最小化显示。启动时窗体缩小为任务栏里的一个图标，其效果相当于单击最小化按钮。

(10) BackColor 属性：此属性用于确定窗体的背景颜色。

(11) AutoRedraw 属性：控制是否自动重绘的属性，默认值 False。当它被设置为 True 时，窗体对象自动重绘有效，图形和文本输出到屏幕，并存储在内存的图像中。当设置为 False 时，使窗体对象的自动重绘无效。

2.2.2　窗体的常用事件

窗体作为对象，能够对事件做出响应。窗体能响应所有的鼠标事件和键盘事件，还能响应其他一些事件。

鼠标事件包括 MouseDown(按下鼠标键)、MouseUp(释放鼠标键)、MouseMove(鼠标移动)、Click(鼠标单击)和 DblClick(鼠标双击)。

键盘事件主要指 KeyClick(击键)、KeyDown(按下键)和 KeyUp(释放键)。

除此以外，窗体还有一些其他事件，包括 Load、UnLoad、Resize、Activate 等，这里主要介绍以下两个事件：

1．Load 事件

此事件在窗体进行初始化时产生，我们可以在其中调用函数或方法达到某些效果，也可以用来对某些变量赋初值。

2．Unload 事件

此事件在窗体退出时产生，可执行的操作主要是关闭已打开的文件等。

2.2.3　窗体的常用方法

1．Print 方法

此方法用来输出数据和文本。除窗体对象外，图形框控件也有 Print 方法。Print 方法的一般格式为：

```
[对象.]Print 表达式
```

2．Cls 方法

此方法用来清除窗体或图形框在程序运行时由 Print 方法显示的文本或用绘图方法

所产生的图形。Cls 方法的一般格式为：

    [对象.]Cls 表达式

3. Move 方法

大多数控件都具有 Move 方法，使用该方法可以使对象移动，在移动的同时还可以改变对象的大小。Move 方法的一般格式为：

    [对象.]Move Left,[Top],[Width],[Height]

其中 Left 与 Top 分别指对象左上顶点的坐标，参数 Width 和 Height 是指对象的宽度与高度。参数 Left 是必需的，其他参数可选。

例 2-1　窗体的 Load、Click 和 DblClick 事件的使用，以及 Print 方法和相关属性的使用运行效果如图 2.4 所示。

图 2.4　窗体运行效果图

要求：

(1) 窗体装入时，窗体上会显示"装入窗体"四个字，同时窗体标题栏显示"窗体初始化"。

(2) 当用户单击窗体时，窗体上会显示"单击窗体"四个字，同时窗体标题栏显示"鼠标单击"。

(3) 当用户双击窗体时，窗体上会显示"双击窗体"四个字，同时窗体标题栏显示"鼠标双击"。

注意：

(1) Load 事件首先自动执行，为使 Print 方法在 Load 事件里有效，必须先将窗体的 AutoRedraw 属性设置为 True。

(2) 属性或方法前省略了对象，表示默认该属性或方法作用于当前窗体对象。

事件过程如下：

```
Private Sub Form_Click()
    Cls
    Caption="鼠标单击"
    Print "单击窗体"
End Sub
```

```
Private Sub Form_DblClick()
    Cls
    Caption="鼠标双击"
    Print "双击窗体"
End Sub

Private Sub Form_Load()
    FontSize=20
    FontName="宋体"
    Caption="窗体初始化"
    Print "装入窗体"
End Sub
```

2.3　控件的概念

2.3.1　控件的概念

在 Visual Basic 中,窗体是最重要的对象,是构成应用程序的用户界面的基本模块。控件(Component)是窗体中的图形对象,是构成窗体的基本元素。控件是用来接收和显示数据信息的。

Visual Basic 中,控件也叫部件或组件,主要有三类：标准控件、ActiveX 控件和可插入对象。

标准控件也叫内部控件或固有控件,由 Visual Basic 本身提供,与应用程序封装在一起。标准控件总是显示在控件箱中,不能从控件箱中删除。启动 Visual Basic 后,如果没有添加其他控件,工具箱中的控件就是标准控件,如图 2.5 所示。

图 2.5　标准控件

2.3.2　常用基本控件

在 Visual Basic 编程中,经常要用到命令按钮、标签和文本框三个控件。命令按钮用于接收单击事件,在此事件的响应中,可以用自己需要的代码,完成特定的功能；标签用于显示提示信息；文本框可以用来输入文字(当然,它也可以用来显示文字)。在介绍这三种控件之前,先观察一下它们的外形,如图 2.6 所示。

1. 命令按钮

1) 属性
命令按钮的标准属性包括 Caption、Enabled、Name 和 Visible 等。

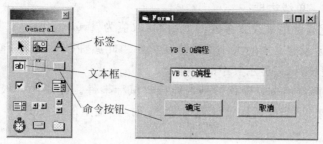

图 2.6　基本控件

Name：Visual Basic 中默认的 Name 属性为 Command1,有多个时依此类推。

Caption：此属性用来设置命令按钮上显示的文本。

Enabled：此属性用来设置按钮是否能够接收单击操作,其取值为 True 或 False。当它被设置为 True 时,按钮能接收单击操作;当它被设置为 False 时,按钮不能接收单击操作,并且按钮上的文字变灰。

Default：此属性用来设置按钮是否等同于按 Enter 键的功能,其取值为 True 或 False。需要注意的是,在窗体中,最多只能有一个按钮的该属性被设置为 True。

Style：此属性用来设置按钮样式,其取值为 Standard 或 Graphical,后者允许按钮上显示图形,通过 Picture 属性设置图形文件。

Picture：按钮上显示的图形文件由此属性设置,但 Style 属性必须为 Graphical。

Visible：此属性用来设置在运行时该命令按钮是否可见。其取值为 True 或 False。当它被设置为 False 时,按钮在程序运行时不可见;当它被设置为 True 时,按钮在程序运行时可见。

2) 事件

命令按钮能接收 Click 事件。所谓 Click 事件,就是用鼠标单击按钮时发生的事件,这是按钮最为常用的事件。编程时,在窗体窗口中双击按钮,就会直接切换到按钮的单击事件的代码编辑器。

2. 标签控件

标签是用来显示文本的控件,标签中的内容不能被编辑,但是可以通过修改它的属性来改变标签中显示的文本。

1) 属性

标签的标准属性包括 Caption、Visible、Left、Top、Height 和 Width 等,其常用属性如下：

Name：Visual Basic 中标签的默认名字为 Label1,有多个时依次类推。

Caption：此属性用来设置标签中要显示的文本。

Alignment：此属性用来设置标签中文本的对齐方式。其取值为 0,1 或 2,分别为左对齐、右对齐和居中。

BorderStyle：此属性用来设置标签的边框,其默认值为 0,表示没有边框;当此属性被设置为 1 时,有一单线边框。

AutoSize:此属性用来设置标签的大小,其取值为 True 或 False。当它取 True 时,标签的大小随要显示的文本的大小而发生变化。当此属性被设置为 False 时,则标签的大小固定,文字太长时,只显示其中的一部分。

Enabled:此属性用来设置标签是否能接收鼠标事件。此属性一般设置为 True,表示可以接收鼠标事件;当此属性被设置为 False 时,标签中的文字变灰,并且不能接收鼠标事件。

FontName:此属性用来设置标签中文本属于哪一种字体。

FontSize:此属性用来设置标签中文本的字体大小。

ForeColor:此属性用来设置标签中文本的颜色,Visual Basic 提供了一些常用颜色的常量,如 vbRed(红色)、vbGreen(绿色)、vbBlack(黑色)、vbBlue(蓝色)、vbYellow(黄色)等。

2) 事件

标签能接收 Click 和 DblClick 事件。所谓 DblClick 事件,就是双击控件时发生的事件。

例 2-2 标签属性设置效果示例,如图 2.7 所示。窗体上有三个标签控件,但有不同的外观显示效果,这主要是通过以下的属性设置来实现的。

```
Label1: Caption="左对齐",Alignment=0,BorderStyle=1,BackColor= &H00FFFF00&
Label2: Caption="居中对齐",Alignment=2,BorderStyle=0,ForeColor=&H000000FF&
Label3: Caption="居中对齐",AutoSize=True,BorderStyle=1
```

图 2.7　标签属性设置效果示例

3. 文本框控件

文本框是用来输入文本的控件,当然,也可以把它当成显示文本的控件。

1) 属性

文本框的标准属性包括 Enabled、Name、Visible、Text 等,其常用属性如下所示。

Name:Visual Basic 中文本框的默认名字为 Text1,有多个时依次类推。

Text:此属性用来接收或发送文本框中的内容。这是文本框控件中最为常用的属性。

MaxLength:此属性用来设置文本框中的最大的字符数。其默认值为 0,表示可以输入任意多的字符;当此属性被设置为非 0 值时,此非 0 值即最大的字符数。

MultiLine:此属性用来设置文本框是单行显示还是多行显示。此属性被设置为

False 时,不管文本框有多大的高度,只能在文本框中输入单行文字;当此属性被设置为 True 时,按 Enter 键可以换行输入。

ScrollBars:此属性用来设置文本框是否具有滚动条,其取值为 0,1,2 和 3。取 0 时,没有滚动条;取 1 时,只有水平滚动条;取 2 时,只有垂直滚动条;取 3 时,既有水平滚动条,又有垂直滚动条。不过,值得一提的是,只有当 MultiLine 属性为 True 时,文本框才能有滚动条;否则,即使 ScrollBars 设置为非 0 值,也没有滚动条。

PasswordChar:此属性用来设置文本框是否为一个口令域,当此属性取值为空时,创建一个正常的文本框;当此属性取值为"＊"时,用户的输入都用"＊"表示,但系统接收的仍为用户输入的密码。

2)事件和方法

文本框不能接收鼠标事件,其常用的事件和方法如下:

Change 事件:此事件在用户向文本框输入新的信息或者用户从程序中改变 Text 属性时发生。用户在文本框中每输入一个字符,就会产生一次 Change 事件。

KeyPress 事件:当用户按下并且释放键盘上的一个 ANSI 键时,就会引发焦点所在文本框控件的 KeyPress 事件,此事件有一个 KeyAscii 参数,用来返回所按下键的 ASCII 码值。例如,当用户按下 Enter 键时,KeyAscii 的返回值为 13。

LostFocus 事件:文本框失去焦点时触发的事件。

GotFocus 事件:文本框得到焦点时触发的事件。

SetFocus 方法:用来将光标放置到特定的文本框中。其使用用方法为。

```
[对象].SetFocus
```

例 2-3 文本框效果示例,如图 2.8 所示。窗体上有三个文本框控件,但有不同的外观显示效果,这主要是通过以下的属性设置来实现的。

```
Text1: Text="单行文本框"
Text 2: Text="多单行文本框",MultiLine=True,ScrollBars=3
Text 3: Text="密码框",PasswordChar= *
```

注意:此 Text3 的 Text 属性虽然有值,但也以 PasswordChar 属性所设置的符号显示。

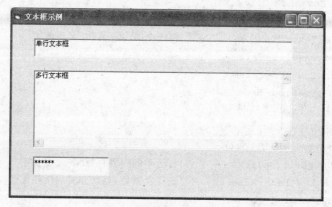

图 2.8 属性设置效果示例

下面,以一个实例展现三个基本控件的综合应用。

例 2-4 编写一个记事本应用程序。程序运行时的效果如图 2.9 所示。该程序主要实现了简单的记事本功能,可以进行剪切、复制和粘贴,还可以进行字体的设置。

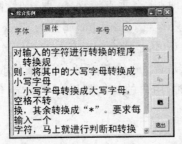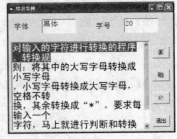

图 2.9 例 2-4 运行效果

下面先观察一下各个控件的属性设置。

```
Label1: Caption="字体", Label2: Caption="字号",
Text 1: MultiLine=True,ScrollBars=2
Command1: Style=1,Picture="cut.bmp"
Command2: Style=1,Picture="copy.bmp"
Command3: Style=1,Picture="paste.bmp"
Command4: Caption="退出"
```

事件代码如下:

```
Dim st As String                      '定义字符串变量 st,用来存放选中的文本
'利用窗体的 Load 事件设置剪切、复制、粘贴按钮为无效的初始状态
Private Sub Form_Load()
    Command1.Enabled=False
    Command2.Enabled=False
    Command3.Enabled=False
    End Sub
'剪切按钮单击事件
Private Sub Command2_Click()
    st=txtNoteEdit.SelText              '将选中的内容存放到 st 变量中
    Text1.SelText=""                   '将选中的内容清除,实现剪切
    Command1.Enabled=False
    Command2.Enabled=False
    Command3.Enabled=True
End Sub
'复制按钮单击事件
Private Sub Command1_Click()
    st=txtNoteEdit.SelText              '将选中的内容存放到 st 变量中
    Command1.Enabled=False             '进行复制后,剪切和复制按钮无效
    Command2.Enabled=False
    Command3.Enabled=True             '粘贴按钮有效
```

```
End Sub
'粘贴按钮单击事件
Private Sub Command3_Click()
    Text1.SelText=st                          '将 st 变量中的内容插入到指针所在的位置,实现粘贴
End Sub
'退出按钮单击事件
Private Sub Command4_Click()
    End
End Sub
'设置字体
Private Sub Text2_KeyPress(KeyAscii As Integer)
    If KeyAscii=13 Then
        txtNoteEdit.FontName=Text2
    End If
'设置字号
Private Sub Text3_KeyPress(KeyAscii As Integer)
    If KeyAscii=13 Then
        txtNoteEdit.FontSize=Text3
    End If
End Sub
```

注意:

(1) 通过文本框的 KeyPress 事件,利用按 Enter 键来设置字体和字号。

(2) st 变量要被多个事件共享,所以本模块必须在所有过程前声明该变量。

(3) 利用文本框的 SelText 属性来实现剪切、复制和粘贴操作。

2.3.3 控件的默认属性

Visual Basic 中把反映某个控件最重要的属性称为该控件的默认属性。所谓默认属性是在程序运行时,不必指明属性名而可改变其值的那个属性。表 2.1 列出了常用控件及它们的默认属性。

表 2.1 属性设置

控　件	默 认 属 性	控　件	默 认 属 性
标签	Caption	图形、图像框	Picture
文本框	Text	单选按钮	Value
命令按钮	Default	复选框	Value

例如,控件名为 Label1 的标签控件,其 Caption 属性值为"Hello",若要改变 Label1 的属性值为 Bye,则下面两条语句的作用是等价的:

```
Label1.Caption="Bye"
Label1="Bye"
```

2.3.4 控件的焦点与 Tab 键

在 Windows 中,可以同时运行多个程序,但只有在当前的活动窗口中,用户才能进行各种用户操作,此时,称此窗口具有焦点。

1. 焦点的基本概念

焦点是对象接受鼠标和键盘输入的能力。当某一个控件或窗体具有焦点时,它们就可以接受用户的输入。例如,在窗体中有两个文本框控件,在程序运行时只能在一个文本框中输入文字,称此文本框具有焦点;假如需要在另一个文本框中输入文字,就必须通过单击或用 Tab 键选定,才能把焦点移到另一文本框,在此文本框中进行输入。

在 Visual Basic 中,大多数的控件都是可以接收焦点的。这些控件是否具有焦点可以从外表看出来。例如,窗体具有焦点时,它会有活动标题栏;命令按钮具有焦点时,标题周围的边框将会突出显示;文本框具有焦点时,会在文本框中显示光标。值得注意的是,以下的控件不能接收焦点:Frame、Label、Menu、Line、Shape、Image 和 Timer。

2. 设置焦点

在 Visual Basic 中,我们不仅可以用 Tab 键或鼠标来改变焦点,还可以在程序的执行过程中人为地设置焦点。至于用 Tab 选定控件,已经在命令按钮一节中有所介绍,可使用 TabStop 属性来更改控件是否具有 Tab 键选定功能,用 TabIndex 属性设置各控件的选定顺序。在程序运行时,可使用对象的 SetFocus 方法来设置焦点:对象.SetFocus。

在 Visual Basic 中,可使用 GotFocus 和 LostFocus 两事件来处理焦点。其中,GotFocus 表示当对象得到焦点时发生该事件,而 LostFocus 表示对象失去了焦点时发生该事件。LostFocus 事件过程主要用于更新输入内容,或对 GotFocus 事件过程建立的内容进行检查修改。

同时,我们必须注意,以上提到的那些不能得到焦点的控件是不能设置焦点的,并且,不可见的控件也是不能设置焦点的。

2.4 如何编写简单的应用程序

2.4.1 创建 Visual Basic 应用程序的步骤和方法

在 Visual Basic 中创建一个应用程序非常简单。一般先设计应用程序的外观,然后再分别编写各对象事件的程序代码或其他处理程序。具体包含以下几个步骤:

(1)创建应用程序界面

(2)设置界面上各个对象的属性

(3)编写对象相应的程序代码

（4）保存工程

（5）运行和调试程序

（6）生成可执行程序

下面通过一个具体的程序实例，来说明创建 Visual Basic 程序的一般步骤和方法。

2.4.2　编写你的第一个 Visual Basic 程序

在前面已经详细介绍了 Visual Basic 6.0 的集成开发环境以及一些基本的概念，在本节中，以一个实例来进一步理解对象的有关概念，尽管我们还没有学习 Visual Basic 语言的语法规则，相信读者通过创建这样一个简单的程序，会对使用 Visual Basic 编程有一个总的认识，同时也会领略到 Visual Basic 的简单易用。

这里创建的是这样一个程序，该程序只有一个窗体，在窗体中有一个标签和一个按钮，在程序运行后，标签中显示"我的第一个 VB 程序！"几个字，如图 2.10 所示。单击按钮，则标签中的内容变为"VB 原来如此简单呀！"，如图 2.11 所示。

图 2.10　程序运行后效果图

图 2.11　单击"欢迎"按钮后效果图

在 Visual Basic 中创建程序首先是涉及程序的用户界面，然后是编写事件过程。该应用程序的用户界面很简单，只有一个标签和一个按钮，将工具箱中的相应控件直接添加到窗体上即可。该程序中只有按钮响应用户的一个操作，即鼠标的单击。因此，只需编写按钮的 Click 事件过程即可。创建该应用程序的步骤如下：

1. 创建应用程序界面

启动 Visual Basic 6.0，在"新建工程"对话框中选择创建的工程类型为标准 EXE，单击"打开"按钮，则出现一个名称为"工程 1"的设计窗口，在这个窗口中只有一个名称为 Form1 的窗体。

单击工具箱中的标签控件，将指针移动到窗体 Form1 上，在窗体中某个位置开始拖动鼠标，绘制出一个大小合适的方框后释放鼠标，窗体上就出现了一个标签框。

再单击工具箱中的按钮控件，以同样的方法在该窗体上放置一个按钮控件，如图 2.12 所示。

2. 设置界面上各个对象的属性

在窗体上选定控件，通过图 2.13 所示的属性窗口，按照表 2.2 所示设置窗体、标签和按钮控件的属性。

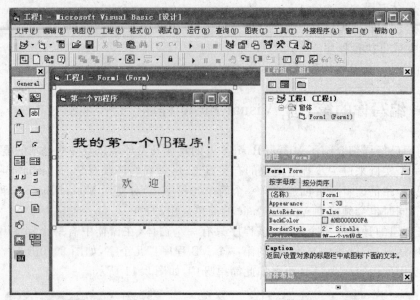

图 2.12 界面设计

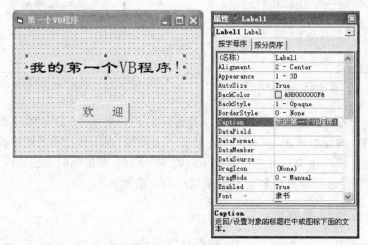

图 2.13 设置属性

表 2.2 属性设置

控件名称	属 性 设 置
Form1	Caption＝"第一个 VB 程序"
Command1	Caption＝"欢　　　迎"；FontSize＝14
Label1	Caption＝"我的第一个 VB 程序！"；FontName＝"隶书"；FontSize＝14

3. 编写对象相应的程序代码

双击按钮控件,打开"代码"窗口,在代码窗口中自动出现了按钮 Click 事件过程的框架,如图2.14所示,用户只需为该过程添加代码即可。

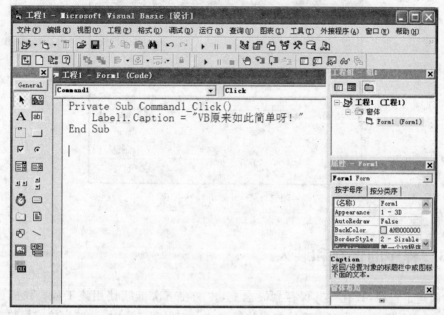

图2.14　代码设计

将下列代码添加到 Command1_Click 事件过程中:

```
Private Sub Command1_Click()
    Label1.Caption="VB原来如此简单呀!"
End Sub
```

4. 保存工程

选择"文件"菜单中的"保存工程"命令,将窗体文件和工程文件保存好,这样就完成了对一个工程的保存。

5. 运行和调试程序

自此,一个简单的应用程序就创建完毕了。单击工具栏中的"运行"按钮来运行该程序,即可出现如图2.10所示的窗体,单击"欢迎"按钮,则窗体变成如图2.11所示效果。

6. 生成可执行程序

上述小程序是在 Visual Basic 环境中运行的,为使程序能脱离 Visual Basic 环境而独立运行,还需要将它编译成可执行的 EXE 文件。Visual Basic 中提供了专门用于生成可执行文件的命令,选择"文件"菜单中的"生成 EXE"命令,则打开如图2.15所示的"生成工程"对话框,选择要保存文件的位置,输入可执行文件的文件名,然后单击"确定"按钮,即可生成程序的可执行文件。

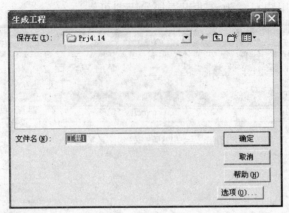

图 2.15　生成可执行程序

2.4.3　程序的保存和装入

在创建工程后,只有将其保存到硬盘上,才能在下次继续使用该工程。我们已经知道,一个工程包含一个或多个窗体与模块等文件。在保存工程时,这些窗体或模块文件也将一同保存。

选择"文件"菜单中的"保存工程"命令,则打开如图 2.16 所示的"文件另存为"对话框,在"文件名"文本框中输入窗体或模块的名称,单击"保存"按钮。如果工程中包含多个窗体或模块等,则"文件另存为"对话框仍然存在,要求用户保存下一个文件,直到工程中所有的文件保存完毕。最后,出现如图 2.17 所示的"工程另存为"对话框,在"文件名"文本框中输入工程的名称,单击"保存"按钮。这样就完成了对一个工程的保存。

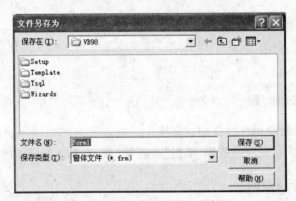

图 2.16　"文件另存为"对话框

工程中的各文件以及工程本身既可以保存在同一位置,也可以保存在不同的位置,在工程本身的文件中包含它的窗体等文件的路径、名称等信息,在打开工程时,工程文件会以这些信息去寻找它的窗体文件。如果窗体等文件的路径或名称改变了,则会出现加载错误。

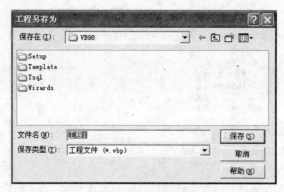

图 2.17 "工程另存为"对话框

注意：由于一个工程的各个部分是紧密联系的，任何一个部分出现错误都会导致整个工程发生错误。因此，为了便于管理，建议读者尽量将一个工程中的相关文件保存在同一位置。

2.4.4 程序的调试与运行

在程序设计过程中，无论程序员多么仔细，都可能会出现错误，如除零错误、数据溢出等。而且，随着程序规模（代码长度）的逐渐增加，出错的概率也会大大增加。

在应用程序中查找并修改错误的过程称为程序调试。程序调试是为了发现错误而执行程序，以发现并修正错误为根本目的。程序调试需要程序员对程序有清醒的认识，还需要借助各种工具。Visual Basic 提供了几种调试工具，对方便快捷地查找错误特别有效。对于意外事故的防范可以在程序中设计错误处理程序。

1. 错误类型

Visual Basic 程序错误可分为三种：编译错误、逻辑错误和运行时错误。

1）编译错误

编译错误是由于违反 Visual Basic 的语法而产生的错误，也叫语法错误，如关键字拼写错误、分隔符号遗漏、块控制结构不完整或不匹配等。编译错误可以通过程序编译发现，是比较容易查找的错误。

（1）编程时的编译错误。

选择"工具"菜单中的"选项"命令，显示如图 2.18 所示的对话框，选择"编辑器"选项卡中的"自动语法检测"。

在输入程序代码时，每输入一行代码（按 Enter 键或移动光标到其他行）后，Visual Basic 都会自动对该行进行语法检查，系统自动检测出错误，将错误加亮，并显示出错误对话框，如图 2.19 所示。

程序中 For 语句不完整，缺少 Next 部分。该程序不会被执行，因为编译时 Visual Basic 编译程序能够检测出该错误。

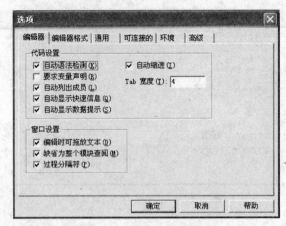

图 2.18　设置自动语法检测

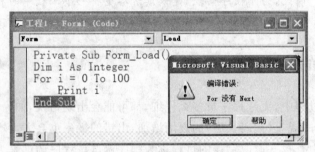

图 2.19　编程时的编译错误

(2) 编译程序时检测错误。

如果选择"文件"菜单中的"生成 EXE"命令,或者选择"运行"菜单中的"启动"或"全编译执行"命令,都会启动 Visual Basic 的编译程序。编译程序可以检测所有语法错误。

2) 运行时错误

运行时错误是指程序在运行时,由不可预料的原因导致的错误,如输入非法数据、要读写的文件被意外删除等。运行时错误可能在程序交付使用很久以后才被发现。Visual Basic 能够捕获大多数运行时错误,产生错误时,Visual Basic 将中止应用程序,并显示出错信息,如图 2.20 所示。若选择"调试",将切换到程序调试状态;若选择"结束",将退出程序。

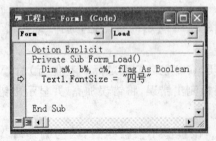

图 2.20　运行时错误

3）逻辑错误

逻辑错误是程序设计或实现中，由于所编写的代码不能实现预期的功能而产生的错误。程序中的语句是合法的，编译程序不能发现错误，程序也可以被执行，但执行结果却不正确。

逻辑错误通常难于查找，需要对程序的深层次分析，或使用专门的程序测试工具。

2. 调试工具

Visual Basic 程序有三种工作模式，即设计模式、运行模式和中断模式，反映不同的工作状态。Visual Basic 的标题栏总是显示当前的工作模式。

程序在执行过程中被暂停执行，称为中断，进入中断模式。在中断模式下，可以进行程序调试，查看各个变量及属性的当前值，从而了解程序的执行情况，找出可能的错误。

可以通过设置断点进入中断模式，进行程序的调试。在代码窗口中选择存在疑问的语句所在位置，按 F9 键或单击代码窗口左侧相应灰色区域，为程序设置断点。程序运行到该断点语句处停下，进入中断模式，在此之前所设置的变量、属性、表达式的值都可以通过鼠标查看，如图 2.21 所示。

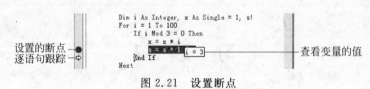

图 2.21　设置断点

若要继续跟踪断点以后的程序执行情况，只要按 F8 键或选择"调试"菜单中的"逐语句"命令。图 2.18 所示左侧小箭头为当前所执行的语句的标记。

也可以通过选择"运行"菜单中的"中断"命令，进入中断模式。

调试程序时，经常要做的是分析数据到底发生了什么变化，为什么会得到这些值，Visual Basic 的调试窗口用来监视表达式和变量的值。

1）本地窗口

本地窗口显示当前过程中所有变量的值。选择"视图"菜单中的"本地窗口"命令，即可打开本地窗口。当程序的执行从一个过程切换到另一个过程时，本地窗口的内容会发生改变，它只反映当前过程中可用的变量，如图 2.22 所示。

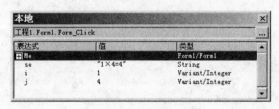

图 2.22　本地窗口

2）立即窗口

选择"视图"菜单中的"立即窗口"命令，即可打开立即窗口。立即窗口所示为代码中正在调试的语句所产生的信息,或直接在窗口中输入的命令所产生的信息。在立即窗口中可以交互地执行 Visual Basic 语句,可以显示或修改程序中变量的值。在程序中,可以使用 Debug. Print 方法将程序的调试信息输出到立即窗口,以便对变量或表达式进行监控。但在程序完成以后,应将所有 Debug. Print 语句删除,如图 2.23 所示。

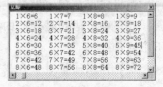

图 2.23 立即窗口

3) 监视窗口

选择"视图"菜单中的"监视窗口"命令,即可打开监视窗口。监视窗口显示当前的监视表达式,在代码运行过程中可决定是否监控这些表达式的值。选择"调试"菜单中的"添加监视"命令,即可将欲查看的表达式加入到监视窗口中,如图 2.24 所示。

图 2.24 监视窗口

习 题 2

1. 什么是对象、事件和方法?对象、事件和方法三者之间的关系如何?请举例说明。
2. 窗体的属性主要有哪些?Caption 属性和 Name 属性有什么区别?
3. 如果文本框要显示多行文字,应设置什么属性?
4. 标签和文本框的区别是什么?
5. 如何设置对象的焦点?对象焦点如何处理?
6. 在 Visual Basic 中创建应用程序的基本步骤有哪些?
7. Visual Basic 有几种工作模式?各有什么用途?
8. 如何进行程序的调试,都有哪些调试工具?

第 **3** 章 Visual Basic 语言基础

本章主要介绍构成 Visual Basic 应用程序的基本元素,包括数据类型、常量、变量、运算符、表达式和函数等内容。

3.1 基本数据类型

数据类型是数据的表示和存储形式。Visual Basic 的数据类型分为基本数据类型和自定义数据类型两种,其中基本数据类型共 11 种,如表3.1所示,这些数据类型大体可以归纳为 6 类:数值型数据、字符型数据、布尔型数据、日期型数据、对象型数据和变体型数据。

表 3.1 Visual Basic 的基本数据类型

数据类型	关键字	类型符	数 据 范 围	所占字节数
整型	Integer	%	$-2^{15} \sim 2^{15}-1$	2
长整型	Long	&	$-2^{31} \sim 2^{31}-1$	4
单精度浮点型	Single	!	$-3.4 \times 10^{38} \sim 3.4 \times 10^{38}$,精度达 7 位	4
双精度浮点型	Double	#	$-1.7 \times 10^{308} \sim 1.7 \times 10^{308}$,精度达 15 位	8
货币型	Currency	@	$-2^{96}-1 \sim 2^{96}-1$,精度达 28 位	8
字符串型	String	$	0~65 535 个字符	取决于字符长度
字节型	Byte	无	$0 \sim 2^8-1$	1
布尔型	Boolean	无	True,False	2
日期型	Date	无	100 年 1 月 1 日~9999 年 12 月 31 日	8
对象型	Object	无	任何对象引用	4
变体型	Variant	无		根据需要分配

3.1.1 数值型数据

Visual Basic 中的数值型数据类型支持 4 种数字型的数据:整数、浮点数、货币型和字节型。

1. 整数

整数是没有小数点和指数符号的数,它的运行速度快、精确,但数值的表示范围小。

整数分为两种：

1）整型

整型（Integer）的表示形式为：＋n[％]，n 是 0～9 的数字，％是整型的类型符，可省略。例如，123、－123、＋123％、－123％均表示整型数。

2）长整型

长整型（Long）的表示形式为：＋n&，其中的"&"不能省略，且与数字 n 之间不能有空格，例如，123&、－123& 均表示长整型数据，而 123 & 是一个非法数。

2. 浮点数

浮点数又称实数，是带有小数点或指数符号的数，表示范围比较大，但精度有限，且运算速度慢。浮点数分为两种：

1）单精度

单精度（Single）浮点数的表示形式有多种，如小数形式±n.n，单精度类型符形式±n.n!，指数形式±n.nE±m，其中 n、m 为 0～9 的数字，E 为指数，也可写为 e。例如，123.45、123.45!、0.12345E＋3 都表示同值的单精度浮点数。

2）双精度

双精度（Double）浮点数的表示形式与单精度浮点数类似。对小数形式只要在数字后面加"＃"或用"＃"代替"!"；对指数形式用"D"或"d"代替"E"或"e"。例如，123.45＃、0.12345D＋3 都表示同值的双精度浮点数。

3. 货币型

货币型（Currency）数据是精确的定点实数或整数，最多保留小数点右边 4 位和小数点左边 15 位，在货币计算与定点计算中很有用。表示形式为在数字后加"@"符号，例如，1.2345@、12 345@。

4. 字节型

字节型（Byte）数据表示 0～255 之间的数，常用于访问二进制文件、图形和声音文件等。

3.1.2　字符型数据

字符型（String），又称为字符串，用于存放文本型的数据。字符可以包括所有的西文字符和汉字，使用时将首尾用半角英文的双引号""括起来。例如，"123"、"Visual Basic 程序设计"。不包含任何字符的串称为空串，即""。

Visual Basic 中字符串有变长和定长两种，分别表示声明为固定长度和可变长度。

3.1.3　布尔型数据

布尔型（Boolean）又称逻辑型，数据的取值仅为 True（真）或 False（假），默认值为

False。布尔型变量主要用来进行逻辑判断。

当布尔型数据转换成整型数据时,True 转换为－1,False 转换为 0;当将其他类型数据转换成布尔型数据时,非 0 数转换为 True,0 转换为 False。

3.1.4　日期型数据

日期型(Date)按 8 字节的浮点数来存储,表示的日期范围为公元 100 年 1 月 1 日—9999 年 12 月 31 日,而时间范围是 0:00:00—23:59:59。

使用时,日期型的数据必须用符号＃＃括起来,符号中间的数据中不能包括汉字,如果同时有时间和日期,中间应用空格分开,否则 Visual Basic 不能正确识别日期。例如,＃12/02/74＃、＃1974-12-02 12:30:00PM＃、＃74,12,02＃、＃December 02,1974＃、＃02 Dec 74＃都是正确的日期表示方法,而＃1974 年 12 月 2 日＃、＃1974-12-0212:30:00PM＃等则是 Visual Basic 不能识别的错误表示形式。

3.1.5　对象型数据

对象型(Object)数据用于表示任何类型的对象,可引用应用程序中或某些其他应用程序中的对象。必须使用 Set 语句先对对象引用赋值,然后才能引用对象。

3.1.6　变体型数据

Visual Basic 规定,如果在变量声明中没有说明数据类型,则变量的数据类型为变体型(Variant)。

Variant 是一种特殊的数据类型,除了定长 String 数据和用户自定义类型外,它可以代表其他任何种类的数据。如果将多个变量都赋值为 Variant 类型,则不必在这些数据的类型间进行转换,Visual Basic 会自动完成任何必要的类型转换。但正是由于它的灵活性,又使得它存在一个明显的缺点,即 Variant 数据类型比其他类型的数据占有更多的内存空间。

3.2　常　　量

3.1 节介绍了 Visual Basic 中经常使用的数据类型。在程序中,要用到各种类型的数据,有些类型的数据在程序运行期间,其值是不发生变化的,即以常量形式出现。例如,123、"Visual Basic 程序设计"、＃2009-9-1＃、$34.56 等都是常量;而有些数据在程序运行期间,其值是可发生变化的,即以变量的形式出现。本节主要介绍常量的概念及使用方法。关于变量将在 3.3 节中介绍。

Visual Basic 中的常量分为三种:直接常量、符号常量和系统常量。

3.2.1 直接常量

3.1 节中介绍的各种类型的数据就是直接常量,其取值直接反映了其类型,也可在常数后面紧跟类型符显式说明常数的数据类型。

直接常量实际上就是常数,根据使用的数据类型可以分为字符串常量、数值常量、布尔常量和日期常量等。

1. 字符串常量

在 Visual Basic 中字符串常量就是使用双引号""括起来的一串字符。字符串常量可以由任意字符组成,但长度不能超过 65 536 个字符(定长字符串)或 20 亿个字符(变长字符串)。例如:"Visual Basic 程序设计","￥30.00"都是字符串常量。

注意:上例中的双引号是字符串常量的定界符,不是字符串的一部分。

2. 数值常量

数值常量共有 4 种表示形式,即整数、长整数、浮点数和字节常量。

1) 整数常量

整数常量又可以表示为十进制数、十六进制数和八进制数。

十进制数:由一位或多位十进制数字 0~9 组成,可以带有正负号,其取值范围较小,仅为 -32 768~32 767。

十六进制数:由一位或多位十六进制数字 0~9 以及 A~F 或 a~f 组成,前面加上 &H,其取值范围为 &H0~&HFF FF。

八进制数:由一位或多位八进制数字 0~7 组成,前面加上 &O 或 &o,其取值范围为 &O 0~&O 177 777。

2) 长整数常量

其数字的组成与整数相同,分为十进制长整数、十六进制长整数和八进制长整数,表示方法和取值范围略有不同。

十进制长整数:取值范围比整数大得多,为 -2 147 483 648~+2 147 483 647。

十六进制长整型数:以 &H 或 &h 开头,其取值范围为 &H0~&HFF FF FF FF。

八进制长整数:以 &O 或 &o 开头,其取值范围为 &O0~&O 37 777 777 777。

3) 浮点数常量

浮点数常量分为单精度浮点数(Single)和双精度(Double)浮点数,前者占 4 个字节,后者占 8 个字节。例如,1.23E+10,-1.23D+10,0.5E-20。

4) 字节常量

字节常量是 0~255 的无符号数,所以不能表示负数。例如,94,102,0。

3. 逻辑常量

逻辑常量只有两个值,即 True 和 False。将逻辑数据转换成整型时 True 为 -1,

False 为 0,其他数据转换成逻辑数据时非 0 为 True,0 为 False。

4. 日期常量

日期(Date)型数据按 8 字节的浮点数来存储,表示日期范围为公元 100 年 1 月 1 日—9999 年 12 月 31 日,而时间范围是 0:00:00—23:59:59。

一种在字面上可被认作日期和时间的字符,只要用符号"#"括起来,都可以作为日期型数值常量。

例如,#09/02/2010#,#January 4,1989#,#2009-15-4 14:30:00 PM#都是合法的日期型常量。

3.2.2 符号常量

在程序设计过程中,常会遇到一些反复出现的常量。例如,进行数学计算时可能多次出现数值 3.1415926,多次书写该数值不仅麻烦,而且极易出错,为了便于记忆并增强代码的可读性,减少不必要的重复工作,用一些具有一定意义的符号来代替这些不变的数值或字符串,那么这些有意义的符号就称为符号常量。

常量的定义形式如下:

Const 符号常量名 [As 类型]=表达式

其中:

符号常量名:为了便于和后面即将学到的变量名相区别,常量名一般用大写字母表示。

As 类型:用于说明该常量的数据类型。若省略该项,数据类型由表达式结果决定。用户也可在常量后加类型符来代替该短语。

表达式:是由数值常量、字符串常量以及运算符所组成的表达式。

例如,将上面的常数 3.1415926 用一个预先定义的常量 PI 来代替,那么在后面的程序中就可以多次使用 PI 这个符号常量了。

```
Const  PI  As single=3.1415926    '声明符号常量 PI,代表 3.1415926,单精度类型
Const RADIUS%=4                   '声明符号常量 RADIUS,代表整数 4
Len=2 * PI * RADIUS               '计算圆周长
```

3.2.3 系统常量

Visual Basic 提供了大量预定义的常量,称为系统常量,可以在程序中直接使用。这些常量均以小写字母 vb 开头,例如 vbCrLf 就是一个系统常量,它是回车-换行符,相当于执行回车-换行操作。

可以通过"对象浏览器"查看系统常量。选择"视图"菜单中的"对象浏览器"命令,打开"对象浏览器"对话框,如图 3.1 所示。

图 3.1　"对象浏览器"对话框

系统常量也是符号常量,但它是由系统定义的,可以在程序中引用,不能修改。

3.3　变　　量

变量是指在程序运行过程中,其值可以发生变化的量。变量通过一个名字(称为变量名)来标识。系统为程序中的每一个变量分配一个存储单元,变量名实质上就是计算机内存单元的命名。因此,借助变量名就可以访问内存中的数据了。

例如,程序代码中有以下两条语句:

```
X=3
X=2+X                        '这两条语句中的"="是赋值符,不是数学表达式中的等号
```

第一条语句是将数值 3 赋给变量 X,此时变量 X 所对应的内存单元中的值为 3。第二条语句是将变量 X 所对应的内存单元中的值加 2 后再赋给变量 X,此时,变量 X 所对应的内存单元中的值由 3 变为 5。

变量 X 所对应的内存单元中值的变化情况如图 3.2 所示。

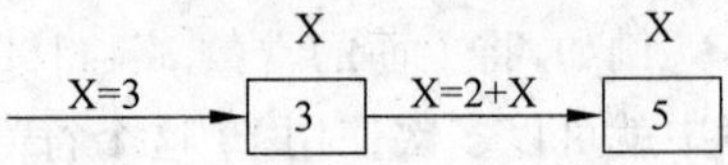

图 3.2　变量在不同阶段的值

3.3.1　变量的命名规则

不同的变量是通过变量名标识的。在命名变量时,有很大的灵活性。例如,可以将用来保存产品价格的变量名命名为 X,也可以将其命名为 Price 或其他名称。但在较大型的程序中,最好用带有一定描述性的名称来命名变量,如将表示价格的变量命名为 Price,将表示年龄的变量命名为 Age 等,这样会使得程序易于阅读与维护。

在 Visual Basic 中,变量的命名还需要遵循以下几条规则:

(1) 变量名必须以字母或汉字开头,其后可以连接任意字母、汉字、数字和下划线的

组合。

例如,abc、姓名、年 n_3 等变量名都合法,而 3abc、♯xy、uu＋1 等变量名是非法的。

(2) 不能使用 Visual Basic 的关键字作为变量的名字。关键字是 Visual Basic 内部使用的词,是该语言的组成部分。例如,print、dim、for 等都是非法变量名。

(3) 变量名的长度不超过 255 个字符。注意,在 Visual Basic 中,1 个汉字相当于 1 个字符。

(4) 变量名在变量的有效范围内必须是唯一的。

(5) 变量名不区分大小写。例如,变量 ABC、Abc 和 aBc 表示同一变量。

3.3.2 变量的声明

在使用变量前,一般要先声明变量名及其类型,以决定系统为变量分配的存储单元。在 Visual Basic 中可以通过以下几种方式来声明变量及其类型:

1. 显式声明

在使用变量前,先用 Dim 语句对变量进行声明,称为显式声明,声明的一般格式如下:

```
Dim 变量名 [AS 数据类型]
```

Dim 语句中的“As 数据类型”用于定义变量的数据类型,如前面讲过的 Integer、Double、Currency 等,它们可以是 Visual Basic 的任何一种类型,包括自定义类型。如果默认,默认为 Variant(变体)类型。注意,变量名与类型符之间不能有空格。

例如:

```
Dim Age As Integer          '定义 Age 为整型变量
Dim Name As String          '定义 Name 为字符串型变量
Dim Var                     '定义 Var 为默认的 Variant 类型变量
```

可以使用数据类型的类型符来代替 As 子句。例如,前面两个声明语句也可写成:

```
Dim Age!
Dim Name$
```

另外,也可以在同一个 Dim 语句中声明若干个不同的变量,各变量之间用逗号隔开,但必须指定每个变量的数据类型,否则作为 Variant 类型处理。例如:

```
Dim a As Integer,b,c As String    '定义 a 为整型、b 为变体型、c 为字符串型变量
```

默认情况下,字符串变量是不定长的,随着对字符串变量赋予新的数据,它的长度可增可减。也可以将字符串声明为定长的,声明方法如下:

```
Dim 变量名 As String * 长度
```

例如,声明一个长度为 50 个字符的字符串变量,可用如下语句:

```
Dim Name As String * 50
```

如果赋予该定长字符串变量的字符少于 50 个,则用空格将 Name 变量的不足部分填满;如果赋予字符串的长度大于 50,Visual Basic 会自动截去超出部分的字符。

2. 隐式声明

在 Visual Basic 中,也可以不事先使用 Dim 语句声明而直接使用变量,这种方式称为隐式声明。所有隐式声明的变量都是变体型数据类型。例如:

```
Sub Form_Click()
    Testday=now
    Testweek=WeekDay(Testday)
End Sub
```

在这段代码中,使用变量 Testday 和 Testweek 之前并没有事先声明,这时,Visual Basic 用这个名字自动创建一个变量,使用这个变量时,可以认为它就是隐式声明的。

不过,使用这种隐式声明的方法时,如果不小心把某个已存在的变量名拼错了,那么 Visual Basic 遇到新的变量名时,将认为用户又隐式声明了一个新变量,例如:

```
Sub Form_Click()
    Testday=now
    Testweek=WeekDay(Textday)
End Sub
```

这段代码的第三行与上段代码的第三行仅一个字母之差,用户不小心把 Testday 错拼成 Textday,将会导致运行结果错误,而且这种错误不太容易查找。

因此,为避免类似拼写错误导致的结果错误,最好先声明后使用变量。同时为了确保在使用变量前已经进行了声明,只需在类模块、窗体模块或标准模块的声明段中加入下面一条语句:

```
Option Explicit
```

该语句称为强制显式声明语句,添加了该语句后,Visual Basic 将自动检查程序中是否有未定义的变量,发现后将显示如图 3.3 所示的错误信息。

除了使用上面的语句对变量进行强制显式声明外,还可以通过菜单方式将系统定制为始终要求显式声明变量。方法如下:选择"工具"菜单中的"选项"命令,打开如图 3.4 所示的"选项"对话框,在"编辑器"选项卡中选中"要求变量声明"复选框。这样就在任何新建的模块中自动插入 Option Explicit 语句,但不会在已经建立起来的模块中自动插入。所以在工程内部,只能用手工方法向现有模块添加 Option Explicit 语句。

图 3.3 变量未定义的提示

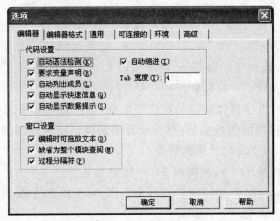

图 3.4 "选项"对话框

3.4 运算符与表达式

程序中对数据的操作,其实就是指对数据的各种运算。

被运算的对象称为操作数,如常量、变量、函数等。运算符是用来对操作数进行各种运算的操作符,如加号(＋)、减号(－)等。Visual Basic 具有丰富的运算符,可分为算术运算符、字符串运算符、关系运算符和逻辑运算符 4 种。

3.4.1 算术运算符

算术运算符用来进行算术运算。Visual Basic 提供的算术运算符如表 3.2 所示,其中负号运算符(－)只需一个操作数,称为单目运算符,其余运算符都需要两个操作数,称为双目运算符。运算符的优先级表示当表达式中含多个运算符时,应先执行哪个运算符。优先级别越高,代表优先级的数字越小。

假设表中举例时用到的变量 x 为整型,值为 2。

表 3.2 算术运算符

运 算 符	含 义	优 先 级	举 例	结 果
^	乘方	1	x^3	8
－	负号	2	－x	－2
*	乘	3	x * x	4
/	除	3	8/x	4
\	整除	4	11\x	5
Mod	求余	5	11 Mod x	1
＋	加	6	3＋x	5
－	减	6	3－x	1

说明：

(1) 运算符"＋"、"－"、"＊"、"/"作用与数学中的"＋"、"－"、"×"、"÷"相对应。

(2) "\"与"/"的区别是："\"用于整数除法，结果返回商的整数部分。在进行整除时，如果参加运算的数据含有小数部分，则先按四舍五入的原则将它们转换成整数后，再进行整除运算。例如：17\3＝5,17\3.5＝4,而 17/3＝5.666 666 666 666 67。

(3) 运算符左右两边的操作数应是数值型数据，如果是数字字符或逻辑型数据，系统会自动将它们先转换成数值型数据后，再进行算术运算。转换原则如下：

① 数字字符直接转换为相对应的数值。

② 逻辑值 True 转换为－1,逻辑值 False 转换为 0。

(4) 在进行算术运算时不要超出数据取值范围，对于除法运算，应保证除数不为 0。

3.4.2　字符串运算符

字符串运算符有两个："&"和"＋",它们的作用是将两个字符串拼接起来。例如：

```
"Visual Basic" & "程序设计基础"    '结果为"Visual Basic 程序设计基础"
"编程"+"爱好者"                    '结果为"编程爱好者"
```

由于符号"&"还可以用作定义长整型的类型符，因此在字符串变量后面使用运算符"&"时应注意，变量与运算符"&"之间应加一个空格，否则当变量与符号"&"连在一起时，系统会先把它作为类型定义符，造成错误。

"&"运算符两旁的操作数可以为任意类型，系统会自动将非字符型的数据转换成字符串后再进行连接，例如：

```
123 & "456"              '结果为"123456"
"Hello!" & True          '结果为"Hello!True"
"abc" & #2009-09-01#     '结果为 abc2009-09-01
```

"＋"运算符两侧的操作数均为数值型数据时，进行算术"加"运算；均为字符型数据时，则进行字符串的"连接"运算；操作数中一个为非数字字符型；另一个为数值型，则出现类型不匹配的错误。例如下面的语句：

```
1234+1234          '进行算术"加"运算,结果显示 2468
"1234"+"1234"      '进行字符串"连接"运算,结果显示"12341234"
"1234"+"abcd"      '进行字符串"连接"运算,结果显示"1234abcd"
1234+"abcd"        '结果提示类型匹配错误
```

3.4.3　关系运算符

关系运算符用来对两个操作数进行大小比较，因此是双目运算符。关系运算的结果是一个逻辑值，即 True(真)或 False(假)。如果关系成立，则值为 True,否则为 False。在Visual Basic 中，有 6 种关系运算符，如表 3.3 所示，Visual Basic 把任何非零值都认为是

"真"(True),零值为"假"(False),但一般用-1 表示"真",用 0 表示"假"。

表 3.3　关系运算符

运　算　符	含　　义	举　例	结　果
=	等于	"a"="A"	False
>	大于	"abc" > "Abc"	True
>=	大于等于	8>=7	True
<	小于	8<7	False
<=	小于等于	2<=2	True
<>	不等于	"a"<>"A"	True

　　关系运算符的优先级是相同的。用来比较的操作数可以是数值型,也可以是字符串型。数值以大小进行比较是显然的。字符串的比较是按照字符的 ASCII 码值的大小来比较的。即首先比较两字符串第一个字符,ASCII 码值大的字符串大;如果第一个字符相同,则从左向右依次比较第 2 个字符,以此类推。

3.4.4　逻辑运算符

　　逻辑运算符的作用是对操作数进行逻辑运算。操作数可以是逻辑值(True 或 False)或关系表达式。逻辑运算可以表示比较复杂的逻辑关系,其运算结果也是一个逻辑值,即要么是 True,要么是 False。表 3.4 列出了 Visual Basic 中的 4 种逻辑运算符。其中只有 Not(取反)是单目运算符,其他都是双目运算符。

表 3.4　逻辑运算符

运算符	含义	说　　明	优先级	举　例	结果
Not	取反	操作数为假,则结果为真;操作数为真,则结果为假	1	Not("a"="A")	True
And	与	两个操作数均为真,结果为真;否则为假	2	(2>1)And(7<3)	False
Or	或	两个操作数有一个为真,结果为真;否则为假	3	(2>1) Or (7<3)	True
Xor	异或	两个操作数相反,结果为真;否则为假	4	(2>1) Xor (7<3)	True

3.4.5　表达式

1. 表达式的组成

　　表达式是由变量、常量、函数和运算符以及括号按一定规则组成的有意义的组合。表达式经过运算后会产生一个结果,该结果的类型是由数据和运算符共同决定的。

2. 表达式的书写规则

　　(1) 乘号 * 既不能省略,也不能用 · 代替。例如,a * b 是正确表达式,ab 和 a · b 则均不正确。

（2）表达式中出现的括号应全部是圆括号，且要逐层配对使用。

（3）表达式中的所有符号应写在同一行上，必要时加圆括号来改变运算的优先级别。例如，数学公式

$$\frac{-b+\sqrt{b^2-4ac}}{2a}$$

写成 Visual Basic 表达式应为 $(-b+Sqr(b*b-4*a*c))/(2*a)$，其中 Sqr 为求平方根的函数名，将在 3.5 节介绍。

3. 优先级

一个表达式可能含有多种运算符，计算机按一定的顺序对表达式进行计算，这个顺序被称为运算符优先级。计算表达式，应当先计算优先级高的运算符，依次类推。各种运算符的优先级别如表 3.5 所示。

表 3.5　各种运算符的优先级

优　先　级	运算符类型	优　先　级	运算符类型
1	算术运算符	3	关系运算符
2	字符串运算符	4	逻辑运算符

除了各种运算符的优先级之外，每种运算符内部的各个运算符之间还存在优先级的差别，已在前面的部分讲过。若运算符有相同的优先级，应按它们出现的顺序从左到右进行处理，如当乘法和除法同时出现在表达式中时，则按照从左到右出现的顺序处理每个运算符。

括号可改变优先级的顺序，强制优先处理表达式的某部分。括号内的操作总是比括号外的操作先被执行。但是在括号内，仍保持正常的运算符优先级。有时，在表达式中适当地添加括号，能使表达式的层次更分明，以增加程序的可读性。

3.5　常用内部函数

Visual Basic 中的函数概念和一般数学中的函数概念相似。在程序设计过程中，为了增强程序的功能，经常需要调用各类函数。在 Visual Basic 中，包括内部函数（或称标准函数，由系统提供）和用户自定义函数（事先由用户编写，将在后面章节介绍）两类。其中内部函数又可以分为：数学运算函数、字符串函数、日期和时间函数、数据类型转换函数、格式输出函数和随机数语句函数等。下面分别介绍一些常用的函数，要获得更详细的函数参考信息，可查看联机帮助文档或参阅其他手册。

3.5.1　数学运算函数

数学函数用来完成一些基本的数学运算，其中一些函数的名称与数学中相应函数的

名称相同。表 3.6 列出了常用的数学函数。

表 3.6　常用数学函数

函数	说明	举例	结果
Abs(n)	返回参数的绝对值	Abs(-5.5)	5.5
Atn(n)	返回参数的反正切值	Atn(0)	0
Sin(n)	返回参数的正弦值	Sin(0)	0
Cos(n)	返回参数的余弦值	Cos(0)	1
Exp(n)	返回 e 的某次方	Exp(2)	7.389
Fix(n)	返回参数的整数部分	Fix(8.2)	8
Int(n)	返回参数的整数部分	Int(-8.4)	-9
Log(n)	返回参数的自然对数值	Log(10)	2.3
Rnd(n)	返回一个随机数值	Rnd	0~1 之间的某数
Sgn(n)	返回参数的正负号	Sgn(-5)	-1
Sqr(n)	返回参数的平方根	Sqr(25)	5
Tan(n)	返回参数的正切值	Tan(0)	0

说明：

(1) 三角函数中，参数以弧度形式表示，而不是角度。例如，数学中的函数 Sin(30°)在 Visual Basic 中应写为 Sin(30 * 3.14/180)。

(2) Int 函数和 Fix 函数的功能都是返回参数的整数值，两者的区别在于，如果参数 n 为负数，则 Int 返回小于或等于该参数的第一个负整数，而 Fix 则会返回大于或等于参数的第一个负整数。例如，Int(-8.4)=-9，而 Fix(-8.4)=-8。

(3) Sgn 函数根据参数 n 的不同取值，返回不同结果。若 n>0，则 Sgn(n)=1;若 n=0，则 Sgn(n)=0;若 n<0，则 Sgn(n)=-1。

(4) Sqr 函数用来求参数 n 的平方根，因此要求 n 必须为正数，否则就会产生语法错误。

(5) Rnd 函数用来返回[0,1)之间的双精度随机数，可以不要参数。详见 3.5.6 节。

3.5.2　字符串函数

字符串函数用来完成对字符串的操作与处理，如获得字符串的长度、截取字符串、除去字符串中的空格等。表 3.7 列出了 Visual Basic 中常用的字符串函数，其中除了 Len 函数和 Instr 函数返回值为数值之外，其余函数的返回值均为字符串。

表 3.7　常用字符函数

函　数	说　明	举　例	结果
Left(c,n)	返回字符串 c 左边的 n 个字符	Left("abcde",3)	"abc"
Len(c)	返回字符串 c 的长度	Len("abcde")	5
Trim(c)	去掉字符串 c 左边和右边的空格	Trim(" abc")	"abc"

函　　数	说　　明	举　　例	结果
Mid(c,n1,n2)	返回字符串 c 中第 n1 位开始的 n2 个字符	Mid("abcde",2,3)	"bcd"
Right(c,n)	返回字符串 c 右边的 n 个字符	Right("abcde",3)	"cde"
Space(n)	产生 n 个空格的字符串	Space(3)	"　"
String(n,c)	返回由 c 中首字符组成的包含 n 个字符的字符串	String(4,"abc")	"aaaa"
Replace(c,c1,c2)	返回字符串 c 中用 c2 代替 c1 后的字符串	Replace("abcd","cd","123")	"ab123"
InStr(c1,c2)	返回字符串 c2 在字符串 c1 中第一次出现的位置,没有找到则返回 0	InStr("bcbaca","a")	4

说明:

(1) Trim(c)函数返回删除前导和尾随空格符后的字符串。Ltrim(c)函数返回删除字符串 c 前导空格符后的字符串。Rtrim(c)返回删除字符串 c 尾部空格符后的字符串。

(2) Left(c,n)函数返回字符串 c 前 n 个字符所组成的字符串。Right(c,n)返回字符串后 n 个字符所组成的字符串。Mid(c,m,n)返回字符串 c 从第 m 个字母起的 n 个字符所组成的字符串。

(3) InStr(c1,c2)函数用来返回一个字符串在另一个字符串中第一次出现的位置,如果没有找到则返回 0。

3.5.3　日期和时间函数

日期函数用于操作日期与时间,例如获取当前的系统时间,求出某一天是星期几等。表 3.8 列出了 Visual Basic 中常见的日期函数。

表 3.8　常用日期函数

函　　数	说　　明	举　　例	结　　果
Time	返回系统时间	Time	8:32:58
Now	返回系统日期和时间	Now	2010-4-24 8:55:10
Date	返回系统日期	Date	2010-4-24
Day(c|d)	返回参数中的日期(1~31)	Day("2009-9-1") Day(#2009-9-1#)	1 1
Month(c|d)	返回参数中的月份(1~12)	Month("2009-9-1") Month(#2009-9-1#)	9 9
Year(c|d)	返回参数中的年份(1753—2078)	Year("2009-9-1") Year(#2009-9-1#)	2009 2009
WeekDay(c|d)	返回参数中的星期	WeekDay("2009-9-1") WeekDay(#2009-9-1#)	3 3

说明：

（1）Time、Date、Now 函数可以用来获取系统日期或时间，也可以用来设置系统的日期。例如，要设置系统时间为 2010 年 1 月 1 日，可以在立即窗口中输入以下命令：

```
Date=#2010-1-1#
```

设置完成后，在立即窗口中使用命令

```
?Date
```

进行测试。

（2）Day、Month、Year、WeekDay 函数中的参数可以是字符型也可以是日期型，在表 3.8 中分别用字母 c 和 d 表示。其中 WeekDay 函数返回一个表示星期的数字，默认情况下返回值 1 表示星期日，返回值 2 表示星期一，……以此类推，返回值 7 表示星期六。

3.5.4 数据类型转换函数

在 Visual Basic 编程中，经常要进行数据类型的转换，可以利用表 3.9 所示的函数来完成。

表 3.9 常用转换函数

函 数	说 明	举 例	结 果
Asc(c)	将字符转换成 ASCII 码	Asc("A")	65
Chr(n)	将 ASCII 码值转换成字符	Chr(65)	"A"
Hex(n)	将十进制数转换成十六进制数	Hex(100)	64
Oct(n)	将十进制数转换成八进制数	Oct(N)	"144"
Lcase(c)	将字符串 c 转换成小写	Lcase("ABC")	"abc"
Ucase(c)	将字符串 c 转换成大写	Ucase("aBc")	"ABC"
Str(n)	将数值转换为字符串	Str(12.34)	"12.34"
Val(c)	将数字字符串转换为数值	Val("123ab")	123

说明：

（1）Asc 函数和 Chr 函数是一对反函数，可以将参数在字符和 ASCII 码之间转换。

（2）Str 函数，当参数 n 是正数时，转换后的字符型数据前会有一个空格。

（3）Val 函数，在它不能识别为数字的第一个字符上停止转换，如果参数 c 中的第一个字符不是数字字符，那么返回值为 0。

例如：

```
Val("122a122")            '结果为 122
Val("a122")               '结果为 0
```

那些被认为是数值的一部分的符号和字符，例如美元符号（$）或逗号（,），都不能被识别。但是函数可以识别进位制符号 &O（八进制）、&H（十六进制）和指数符号（E）。空格、制表符和换行符都从参数中被去掉。

例如：

```
Val("    1234 567abc China 4321")    '结果为 1234567
Val("-1234.56E3")                    '结果为-1234560
```

(4) Lacse 函数仅将大写字母转换成小写字母,所有的小写字母和非字母字符保持不变。Ucase 函数的情况与之类似。

例如：

```
Lcase("Hello 中国 60 年")            '结果为 hello 中国 60 年
Ucase("Hello 中国 60 年")            '结果为 HELLO 中国 60 年
```

3.5.5 格式输出函数

Format 格式输出函数可以使数值、日期和字符串类型按指定的格式输出,其使用形式如下：

Format(表达式,格式字符串)

说明：

(1) 表达式：要进行格式化的数值、日期和字符串类型的表达式。

(2) 格式字符串：表示按其指定的格式输出表达式的值。根据表达式的类型不同,可把格式字符串分为三种：数值格式、日期格式和字符串格式。在使用时,三种格式字符串两旁都要加双引号。

(3) 不管表达式为何种类型,函数返回值是按规定格式形成的一个字符串。

鉴于篇幅,本书仅列出几种最为常用的数值格式化,其他格式可查看 Visual Basic 的帮助信息或参考资料。有关格式及举例如表 3.10 所示。

表 3.10　常用数值格式化符号及举例

符号	功　能	举　例	显示结果
0	数字占位符。实际数字位数若小于符号位数时,数字前后加 0,若大于,见说明	Format(1234.567,"00000.0000") Format(1234.567,"000.00")	01234.5670 1234.57
#	数字占位符。实际数字位数若小于符号位数,数字前后不加 0;若大于,见说明	Format(1234.567,"####.####") Format(1234.567,"###.##")	1234.567 1234.57
.	小数点占位符。固定小数点的位置	Format(1.4567,"#.##")	1.46
,	千分位占位符	Format(1234567,"#,###,###")	1,234,567
%	百分比符号占位符。表达式乘以100,并在数字末尾加上%	Format(1.234,"0.0%") Format(0.724,"#.###%")	123.4% 72.4%

说明：

对于符号"0"和"#",相同之处在于,若数值表达式的整数部分位数多于格式字符串的位数,按实际数值显示;若小数部分的位数多于格式字符串的位数,按四舍五入显示;不同之处在于,数值表达式的实际位数小于格式字符串的位数时,"0"按其规定的位数显示,"♯"对于整数前的 0 或者小数后的 0 不显示。

例如,表 3.10 中的例子可在立即窗口中表示为:

```
? Format(1234.567,"00000.0000")    '结果为 01234.5670
? Format(1234.567,"000.00")        '结果为 1234.57
? Format(1234.567,"#####.####")    '结果为 1234.567
? Format(1234.567,"###.##")        '结果为 1234.57
```

3.5.6 随机数语句和函数

在编写 Visual Basic 程序时,有时需要产生一定范围内的随机数,这就会用到随机数语句和函数。

1. 随机函数 Rnd

该函数的语法格式如下:

```
Rnd [(N)]
```

函数返回[0~1]之间的双精度型随机数,可以不要参数。若要产生[N,M]区间的随机整数,可以使用如下表达式:

```
Int(Rnd * (M-N+1)+N)
```

例如,若要产生 1~100 之间的随机整数,则可通过下面的表达式来实现:

```
Int(Rnd * 101+1)                   '包括 1 和 100
```

2. Randomize 语句

Randomize 语句使用形式:

```
Randomize [Seed]
```

说明:

Randomize 用 Seed 将 Rnd 函数的随机数生成器初始化,该随机数生成器给 Seed 一个新的种子值。若省略 Seed,则用系统计时器返回的值作为新的种子值。例如,下段程序每次运行,将产生不同序列的 10 个[10,99]之间的随机数。

```
Randomize
For i=1 to 10
    Print Int(Rnd * 90+10)
Next i
Print
```

读者可将上段程序写入窗体的单击事件中，运行程序后单击窗体，看看运行中输出的结果是否相同。然后在不使用 Randomize 语句的情况下，再次运行，看看两次运行结果是否相同。

若想得到重复的随机数序列，在使用具有数值参数的 Randomize 之后直接调用具有负参数值的 Rnd。使用具有同样 Seed 值的 Randomize 是不会得到重复的随机数序列的。

3.6   自定义类型

前面讲过了几种 Visual Basic 中常用的数据类型，包括数值型、字符型、日期型、布尔型、对象型和变体型。但用户若要同时表示一系列的信息，例如一个学生的学号、姓名、年龄和入学成绩等若干项信息，其中每项信息的意义不同，数据类型也不同，但还要同时作为一个整体来描述和处理，这种情况在 Visual Basic 中可以通过用户自定义类型来解决。

3.6.1   自定义类型的定义

用户可以利用 Type 语句定义自己的数据类型。其格式如下：

```
Type 数据类型名
     数据类型元素名 1        As      类型名
     数据类型元素名 2        As      类型名
     ⋮
     数据类型元素名 m        As      类型名
End Type
```

其中：

(1) 数据类型名是要定义的数据类型名，其命名规则与变量的命名规则相同。

(2) 数据类型元素名也遵循同样的命名规则。

(3) 类型名可以是任何基本数据类型，也可以是用户自定义的数据类型，若为字符串类型，则必须使用定长字符串。

用 Type 语句可以定义类似于 Pascal 语言中的"记录类型"或 C 语言中的"结构体"类型的数据，因而通常把用 Type 语句定义的类型称为记录类型。例如：

```
Type Student
     Num As Integer
     Name As String * 10
     Age As Integer
     Score As Single
End Type
```

上例中的 Student 是一个用户定义的类型，它由四个元素组成：Num、Name、Age 和 Score，其中各个元素都规定了类型，对于字符串型的 Name 变量，还指定了其数据长度。

3.6.2　自定义类型变量的声明

一旦定义了自定义类型,用户就可以用 Dim 等语句声明该类型的变量。格式如下:

```
Dim 自定义类型变量名 As 自定义类型名
```

例如:

```
Dim Stu1 As Student,Stu2 As Student
```

以上语句声明了两个同种类型的变量 Stu1 和 Stu2。

3.6.3　自定义类型变量的使用

声明自定义类型的变量之后,要引用该变量中的某个元素,形式如下:

```
自定义类型变量 .元素名
```

例如,要引用 Stu1 变量中的姓名、年龄,则表示如下:

```
Stu1.Name,Stu1.Age
```

如果要引用自定义类型变量中的多个元素,为了简化引用过程,可利用 With 语句来实现。格式如下:

```
With 变量名
    语句块
End With
```

该语句的功能在于,With 可以对某个变量执行一系列的语句,而不用重复指出变量的名称。例如:

```
With Stu2
    .Num=102                    '等同于 Stu2.Num=102
    .Name="丁一"                 '等同于 Stu2.Name="丁一"
    .Age=18                     '等同于 Stu2.Age=18
    .Score=687.5               '等同于 Stu2.Score=687.5
End With
Stu1=Stu2                       '同种变量可以直接赋值
```

习　题　3

1. 如果希望使用变量 X 来存放数据 1234567.123456,应该将变量声明为何种类型?
2. 下列哪些字符串不能作为 Visual Basic 中的变量名?

XyC@abc,E12,15eyd,cmd,x23,Is,♯End,X8[P]

3. 下列哪些数据是变量？哪些是常量？如果是常量,是什么类型的常量？

(1) name   (2) "name"   (3) False   (4) x   (5) "10/28/2009"

(6) xh   (7) "120"   (8) n   (9) ♯6/04/2008♯   (10) 12.345

4. 把 Visual Basic 算术表达式 a/(b+c/(d+e/Sqr(f))) 写成数学表达式。

5. 设 X＝5,Y＝3,Z＝3,求下列表达式的值：

(1) X^2＋X/5   (2) X/2＊3/2   (3) X Mod 3＋Y^3/Z\5

6. 写出下列 Visual Basic 表达式的值：

(1) 4＊10＞＝65   (2) "ABCDE"＜"ABCDF"

(3) "456"＜＞"456"&"xyz"   (4) Not 10＊20＜＞256

(5) 10＝10 And 10＞4＋3   (6) 10＜＞2 Or Not 5＞20＋5

(7) 10^2＊10＞10^3 And 2＜2＋3   (8) 50＞20 And 12＝30

7. 将下列命题用 Visual Basic 逻辑表达式表示：

(1) z 比 x,y 都大   (2) |a|≤|b+2|

(3) p 是 q 的倍数   (4) x,y 其中有一个小于 z

(5) a 是小于正整数 b 的偶数

8. 写出下列函数的值：

(1) Int(−2.14159)   (2) Chr(Sqr(64))   (3) Fix(−2.1415926)

(4) Sgn(−7^2＋2)   (5) Lcase("Hello")   (6) Mid("Hello",2)

(7) Val("16 Year")   (8) Str(−459.65)   (9) Len("Hello")

第 4 章　程序设计基础

前面我们设计和编写了一些简单的程序（事件过程），这些程序都是按书写顺序依次执行的。在 Visual Basic 6.0 中除了这种顺序结构外，还有分支结构和循环结构。这三种基本结构均具有单入口、单出口的特点。Visual Basic 支持结构化的程序设计方法，可以用这三种基本结构及其组合来描述程序，从而使程序结构清晰，可读性好，也易于查错和修改。此外，在 Visual Basic 6.0 中也可以使用 GOTO 语句。

本章将讨论这几种流程控制语句，介绍它们的格式、功能及注意事项。

4.1　Visual Basic 的程序语句

与其他高级语言一样，Visual Basic 的语句用来向计算机系统发出操作指令。一个实际的程序包含若干语句。Visual Basic 程序的语句主要包括关键字（如 Dim、Print、Cls）；函数（如 Sin()、Cos()、Sqr()）、表达式（如 Abs(-23.5)$+45*20/3$）、语句（如 $X=X+5$、IF…ELSE…END IF）等。这些语言元素在构成程序时必须遵守一定的规则。

4.1.1　语句的书写规则

1. 大小写问题

程序中不区分字母的大小写，Ab 与 AB 等效；各关键字、变量名、常量名、过程名之间一定要有空格分隔，分号、引号、括号等符号都是英文状态下的半角符号。

2. 系统对用户程序代码进行自动转换

(1) 对于 Visual Basic 中的关键字，首字母被转换成大写，其余转换成小写。

(2) 若关键字由多个英文单词组成，则将每个单词的首字母转换成大写。

(3) 对于用户定义的变量、过程名，以第一次定义的为准，以后输入的自动转换成首次定义的形式。

3. 语句书写自由

(1) Visual Basic 允许一行写多条语句，如果要在同一行上书写多行语句，语句间用冒号（：）分隔，一行允许多达 255 个字符。

（2）单行语句可以分多行书写,在本行后加续行符:_(空格和下划线)。

（3）为了阅读方便,一般一行书写一条语句,一条语句尽量保证处于同一行;使用缩进格式,来反映代码的逻辑结构和嵌套关系。

4. 程序的注释方式

（1）整行注释一般以 Rem 开头,也可以用撇号"'"。

（2）Rem 与注释内容之间要加一个空格。如果要在其他语句行后使用 Rem 关键字,则必须使用":"与语句隔开。

（3）用撇号"'"引导的注释,既可以是整行的,也可以直接放在语句的后面,最方便。

（4）可以利用"编辑"工具栏中的"设置注释块"、"解除注释块"按钮来设置多行注释。

4.1.2 命令格式中的符号约定

为了便于说明,本教材对语句、方法及函数的语法格式中的符号采用统一约定,但这些符号不是语句或函数等的组成部分。

（1）<>:必选参数表示符,该项必须根据具体问题选择一个确定的参数,在输入时"<>"本身不需要输入。

（2）[ ]:可选参数表示符,表示方括号中的内容可根据需要选或不选。

（3）|:多取一表示符,含义为"或者选择",必须选择其中之一。

（4）{ }:包含多中取一的各项。

（5）,…:表示同类项目的重复出现。

（6）…:表示省略了在当前叙述中不涉及的部分。

4.2 顺 序 结 构

顺序结构如图 4.1 所示,整个书写程序按顺序依次执行,先执行 A 再执行 B,即自上而下依次运行。在一般的程序设计语言中,顺序的语句主要是赋值语句、输入/输出语句等。在 Visual Basic 中也有赋值语句;而输入/输出语句可以通过文本框控件、标签控件、InputBox 函数、MsgBox 函数和过程以及 Print 方法来实现。

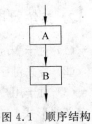

图 4.1 顺序结构

4.2.1 赋值语句

顺序结构中,赋值语句是最简单和最常用的语句,几乎任何一种程序设计语言都包含赋值语句。赋值语句由变量名、赋值运算符(=)和某种类型的表达式组成。赋值语句的格式有以下两种形式。

形式 1：

变量=表达式

形式 2：

[对象名.]属性=表达式

赋值语句有两个基本功能：对表达式进行计算和保存表达式的值。赋值语句被执行时，它先对赋值运算符右边的表达式进行计算，然后将结果存储在运算符左边的变量中。

赋值号与表示等于的关系运算符都用"＝"表示，Visual Basic 系统会根据所处的位置自动地判断是何种意义的符号，也就是说在条件表达式中出现的是等号，否则是赋值号。

赋值号左边只能是变量，不能是常量、常数符号和表达式。

变量的类型和表达式计算结果的值必须相匹配。例如，字符串常量或字符串表达式的值不能存储在一个整型变量或一个双精度实数型变量中。如果数据类型相关但不完全相同，则 Visual Basic 会将数据类型进行转换。例如，希望在一个浮点变量中存储一个整型值、Visual Basic 会将表达式计算的结果转换为该变量类型。如果将一个表达式的计算结果存储在一个变体变量中，则 Visual Basic 会保存表达式的类型，即将变体变量的类型设置为表达式计算结果的类型。变体变量既保存表达式计算结果的值，又保存表达式计算结果的类型。

以下的赋值语句是合法的赋值语句：

```
X=X+1                    '取 X 变量的值加 1 后再赋值给 X
X=10 ：Y=X+5；Z=2＊X+Y    '同一行书写多条赋值语句
CH21.FontSize= 12        '设置对象 CH21 的字号大小
StartTime= Now           'Now 为时间函数
N=Len("abcd1234")
```

以下赋值语句是不合法的赋值语句：

```
8=X+1                    '赋值符左边不能是常量
S=π＊R＊R                '因为 π 不是 Visual Basic 的基本字符，即右边的表达式不合法
Y=10+"abcdefg"           '数字和字符串不能进行加法运算
X=Y=Z=1                  '不能在一个赋值语句中同时给多个变量赋值
```

4.2.2　数据的输入输出

1. 标签和文本框

利用标签和文本框可实现数据的输入和输出，具体方法参见 2.3.2。

2. InputBox( )函数

InputBox( )函数的功能是产生输入对话框，等待用户输入内容，当用户单击"确定"按钮或按 Enter 键时，函数返回输入的值，其值的类型为字符串。

函数形式如下：

变量=InputBox(<提示信息>[,对话框标题][,默认值][,x坐标位置][,y坐标位置])

其中：

提示信息：字符串表达式，在对话框中作为信息显示，它最多不超过 1024 个字符。

对话框标题：字符串表达式，在对话框的标题区显示，若默认则将应用程序名作为对话框的标题。

默认值：InputBox 的默认返回值，类型为字符串，若该项省略，则表示默认值为空。

x 坐标位置和 y 坐标位置：整型表达式，确定对话框左上角在屏幕上的位置。

例如：要产生如图 4.2 所示的"输入框"对话框，并将输入的值存入变量 r 中，可以由以下语句产生。

```
r=Val(InputBox("请输入圆的半径", "输入框", 10))
```

各项参数必须一一对应，除了提示信息不能省略外，其余各项均可省略，处于中间的默认部分要用逗号占位符跳过。在上例中，如果要省项，要将语句写为：

```
r=Val(InputBox("请输入圆的半径", , 10))
```

如果要显示多行提示信息，必须在每行行末加入回车和换行符，即 ch(13)＋Ch(10)。

例 4-1 要产生图 4.3 所示的输入框。

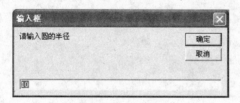

图 4.2 "输入框"对话框

图 4.3 多行提示信息对话框

程序代码如下：

```
Private Sub Form_Click()
a$=Chr(13)+Chr(10)
m1$="请输入圆的半径"
m2$="输入后按回车或单击"确定"按钮"
r=Val(InputBox(m1+a+m2, "输入框", 10))
End Sub
```

在执行 InputBox() 函数所产生的对话框中，有两个按钮，一个是"确定"，另一个是"取消"。在输入区输入数据后，单击"确定"按钮或按下 Enter 键表示确认，并返回输入区中输入的数据，如果用户输入 0 长度的字符串，然后单击"确定"按钮，返回的是空字符串""；当用户按下"取消"按钮，返回的字符串是 vbNullString。在 Visual Basic 中可以用返回字符串地址 StrPtr() 函数区分，因为 vbNullString 的指针被定义为 0；而""则不是 0。

3. MsgBox( )函数和 MsgBox 过程

Visual Basic 中的数据输出可以通过文本框、标签和图片框等显示（用属性赋值的方法），也可以通过 MsgBox 过程和 MsgBox 函数以及 Print 方法。

MsgBox( )函数和 MsgBox 过程均用于打开一个消息框，等待用户选择按钮。若程序中需要返回值，则使用函数，否则可调用过程。

1）MsgBox( )函数

MsgBox 函数的使用形式如下：

变量=MsgBox(<提示信息>[,按钮值][,对话框标题])

其中：提示信息和标题的含义与 InputBox 函数中对应的参数相同；按钮值为整型表达式，决定消息框按钮的数目、含义及出现在消息框上的图标的类型，如表 4.1 所示；"对话框标题"为字符串表达式，显示在对话框的标题区。若省略，标题区域显示工程名。

表 4.1　按钮设置值及其含义

类　　型	内 部 常 量	按钮值	功 能 说 明
命令按钮形式	vbOKOnly	0	只显示"确定"按钮
	vbOKCancel	1	显示"确定"、"取消"按钮
	vbAbortRetryIgnore	2	显示"终止"、"重试"和"忽略"按钮
	vbYesNOCancel	3	显示"是"、"否"和"取消"按钮
	vbYesNo	4	显示"是"、"否"按钮
	vbRetryCancel	5	显示"重试"和"取消"按钮
图标形式	VbCritical	16	显示"停止"图标
	VbQuestion	32	显示"提问"图标
	VbExclamation	48	显示"警告"图标
	VbInformation	64	显示"信息"图标
默认按钮	vbDefaultButton1	0	第一个按钮为默认按钮
	vbDefaultButton2	256	第二个按钮为默认按钮
	vbDefaultButton3	512	第三个按钮为默认按钮

MsgBox( )函数的返回值是一个整数，其值由程序运行中选择的消息框的按钮决定。所选按钮及其返回值，如表 4.2 所示。

表 4.2　MsgBox 函数返回所选按钮整数值的意义

内 部 常 量	返 　回 　值	操 作 说 明
vbOK	1	选择了"确定"按钮
vbCancel	2	选择了"取消"按钮

内 部 常 量	返 回 值	操 作 说 明
vbAbort	3	选择了"终止"按钮
vbRetry	4	选择了"重试"按钮
vbIgnore	5	选择了"忽略"按钮
vbYes	6	选择了"是"按钮
vbNo	7	选择了"否"按钮

例如,要产生如图 4.4 所示的消息框,可以由以下语句产生。

```
a=Val(MsgBox("注意: 你输入的数据不正确!",vbRetryCancel+vbExclamation _
+vbDefaultButton1, "错误提示"))
```

其中,"按钮值"中的 vbRetryCancel 表示框中显示"重试"和"取消"两个按钮;vbExclamation 表示图标类型为"警告信息图标";vbDefaultButton1 表示第一个按钮为默

认按钮(当某个按钮为默认按钮时,运行之初该按钮处于活动状态,其文字周围有一个虚线框,如图 4.4 中的"重试"命令按钮)。也可以写成表达式:1+48+0 或直接写为 49,系统可以自动识别,因为组合值是唯一的。

在运行过程中,如果选择了"重试",则函数的值 a=1;如果选择了"取消",则函数的值 a=2。

图 4.4 消息框

2) MsgBox 过程

MsgBox 过程的使用形式如下:

```
MsgBox 提示信息[,按钮值][,对话框标题]
```

其参数的含义与 MsgBox 函数相同。如果消息框不需要返回值时用 MsgBox 过程。

4. Print 方法及相关的 Format 函数

1) Print 方法

Print 方法可以在窗体、图形对象或打印机上输出信息。形式如下:

```
[对象.]Print [Spc(n)|Tab(n)][输出表达式列表][分隔符]
```

其中:

对象:指定文本显示的地方,可取窗体名称、图片框名称或 Printer,也可以是立即窗口(Debug)。如果省略,则指在当前窗体上输出。

Spc(n):用来在输出中插入空白字符,这里 n 为要插入的空白字符数。

Tab(n):用来将插入点定位在绝对列号上,这里 n 为列号。

输出表达式列表:表示要打印的数值表达式或字符串表达式,如果省略,则打印一空行。

分隔符:指定下一个字符的插入点,可以是分号、逗号,也可以省略。使用分号(;)则直接将插入点定位在上一个被显示字符之后;使用逗号(,)则将下一个输出字符的插入

点定位在制表符上；如果省略，则在下一行打印下一字符。

例如，Print "This is a message. " 则在当前窗体上显示 This is a message.

如果要在打印机上显示，则 Printer. Print "This is a message. "

说明：

① Print 方法只能用于可显示文本的对象。当文本出现在窗体时，文本成为窗体背景的一部分，将在所有的控件之下出现。如果输出的字符串比窗体或图片框的宽度长，超出的部分会自动被截断，而不会自动换行，也不会自动向下滚动。

② 一般的 Print 方法在 Form_load 事件中无效，原因是窗体的 AutoRedraw 默认属性为 False，若在窗体设计时在属性窗口将 AutoRedraw 属性的值改为 True，就有效果。

③ Print 具有计算和输出双重功能，对于表达式，它先计算后输出。

例如：

Print "The answer is";10/2+3   'Visual Basic 输出结果：The answer is 8

但 Print 方法没有赋值功能，例如：

x=5: y=10
Print z=(X+y)/3   '不能打印出 z=5

2) Format 函数

格式输出函数 Format()可以使数值、日期或字符串按指定的格式输出。形式如下：

Format (表达式,格式字符串)

其中：表达式可以是数值型、日期型或字符型的表达式；格式字符串表示按其格式输出表达式的值，它有数值格式、日期格式和字符串格式三类，格式字符串两旁要加双引号。该函数的返回值是按规定格式的形成的一个字符串。

用 Format 函数可以使数值按"格式字符串"指定的格式输出，有关格式及说明如表4.3 所示。

表4.3 常用格式化符号

字符	作　用	字符	作　用
#	数字，不在前面或后面补0	%	百分比符号
0	数字，在前面或后面补0	$	美元符号
.	小数点	+ -	正、负号
,	千位分隔逗号	E+ E-	指数符号

例 4-2 编写一程序，在文本框中统计在该窗体上鼠标单击的次数，运行效果如图 4.5 所示。

分析：要统计鼠标在窗体上单击的次数，并在文本框中显示出来；也就是，鼠标每在窗体上单击一次，文本框的值就在原来的基础上加 1。要进行加法运算，运算数必须为数值型，所以要将 Text1 中的值通过 VAL 函数转化为

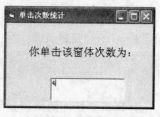

图 4.5　例 4-2 的运行图

数值型。

根据题目要求,建立在窗体上加入控件 Label1,并设置其 Caption 属性为"你单击该窗体的次数为:";Text1 并设置其 Text 属性为空。

程序代码如下:

```
Private Sub Form_Click()
    Text1=Val(Text1)+1
End Sub
```

例 4-3 编写一程序,通过文本框输入圆的半径,按 Enter 键时,对输入数据进行合法性校验:如有错,则利用 MsgBox 显示出错信息;如正确则计算面积,将计算结果在 Text2 中给出。运行效果如图 4.6 所示。

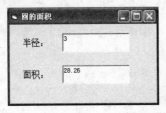

图 4.6 例 4-3 的运行图

分析:按 Enter 键表示数据输入结束,利用 Text1_KeyPress 事件,返回参数为 13 时表示输入结束;此时对输入的数据调用 IsNumeric 函数进行合法性校验:如果出错,利用 MsgBox 过程进行显示;如正确,用"3.14 * 半径的平方"来计算面积,将计算的结果通过赋值语句赋值给 Text2。

根据题目要求,在窗体上加入控件 Label1、Label2,并设置其 Caption 属性分别为"半径"和"面积";再插入控件 Text1、Text2 并设置其 Text 属性均为空。

程序代码如下:

```
Private Sub Text1_KeyPress(KeyAscii As Integer)
If KeyAscii=13 Then
    If Not IsNumeric(Text1) Or Val(Text1) <=0 Then
        MsgBox "输入的半径不合法!", 48, "提示": Text1=""
    Else
        Text2=3.14 * Val(Text1) * Val(Text1)
    End If
End If
End Sub
```

4.3 选 择 结 构

计算机要处理的问题是复杂多变的,有时语句的执行顺序依赖于输入的数据或中间的运算结果。在这种情况下,必须根据某个变量或表达式的值做出判断,以决定执行哪些语句和跳过哪些语句。在 Visual Basic 应用程序中,可以通过选择结构来实现这种功能。Visual Basic 的选择结构有 If 语句和 Select Case 语句两种形式。

4.3.1　If 语句

If 语句有多种形式:单分支/双分支和多分支。

1. If…Then 语句

If…Then 语句(单分支结构)语句形式有两种。

形式 1:

```
If <条件表达式>Then <语句组>
```

形式 2:

```
If <条件表达式>   Then
    <语句组>
End If
```

该语句的作用是:若值为真(True),执行 Then 后的语句组,否则跳过后面的语句组,而执行 End If 下面的语句,其流程如图 4.7 所示。

其中,语句中的条件表达式应为 Boolean 型,若条件的值为数值,则当值为 0 时为 False,任何非 0 的值均看成 True。

语句组:可以是一条或多条语句。若用简单形式 1 表示,则只能有一条语句或语句间用冒号分隔,而且必须写在一行上。

例 4-4　比较两个数,将大数放在 x 中,小数放在 y 中。

分析:计算机中的内存空间具有"取之不尽,一冲就走"的特点,因此,计算机中数的交换只能借助每三个位置来间接实现。好比将一瓶酒和一瓶水互换,就必须借助一个空瓶子,先将酒倒入空瓶,再将水倒入已空的酒瓶中,最后将酒倒入已空的水瓶中,这样才能实现酒和水的交换,思维过程如图 4.8 所示。

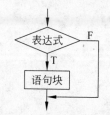

图 4.7　单分支语句流程图

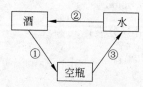

图 4.8　两数交换过程

程序代码如下:

```
If x<y Then t=x: x=y: y=t
```

或

```
If X<Y Then
   t=x
   x=y
   y=t
End If
```

考虑：如果将上面的语句写成 If X＜Y Then x＝y：y＝x 执行后效果如何？

2. If …Then…Else 语句

If …Then…Else 语句（双分支语句）语句形式如下：

If <条件表达式>Then <语句 1>　[Else 语句组]

或

```
If <条件表达式>  Then
    <语句组 1>
[Else
    <语句组 2>]
End If
```

该语句的作用是：当表达式的值为非零(True)时，执行 Then 后面的语句组，否则执行 Else 后面的语句组，其流程图如图 4.9 所示。

例 4-5　编程实现求一个数的绝对值。

分析：正数的绝对值为它本身；负数的绝对值为它的相反数。

(1) 用单分支结构实现

一条单分支语句：

```
y=x
If n<0 Then y=-x
```

或两条单分支语句：

```
If x>=0 then y=x
If x<0 then y=-X
```

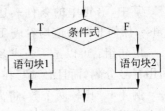

图 4.9　双分支语句流程图

(2) 用双分支语句实现

```
If x>=0 then
   y=x
Else
   y=-x
End If
```

考虑：如果将上面一条单分支语句改动次序，即：

```
If n<0 Then y=-x
```

y=x

能否实现求 x 的绝对值？为什么？

例 4-6　编写一个账号和密码的检验程序。对输入的账号和密码规定如下：

（1）账号为 6 位数字，密码为 4 位字符，在本题中密码假定为"ABCD"。

（2）密码输入时在屏幕上不显示输入的字符，而显示"＊"。

（3）当输入不正确时，显示相关信息。如图 4.10 所示，若单击"重试"按钮，则清除原输入内容，焦点定位在原输入的文本框中，再输入。若单击"取消"按钮，则停止程序的运行。

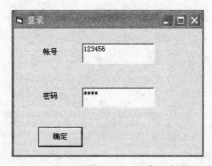

图 4.10　程序运行界面和错误信息

分析：

（1）要使账号为 6 位字符，只要将文本框 Text1 的 MaxLength 属性设置为 6。

（2）密码是 4 位字符，只要将文本框 Text2 的 MaxLength 属性设置为 4；通过 PasswordChar 属性设置为"＊"，使输入的字符以"＊"号显示；输入结束后单击"确定"按钮，判断密码输入的正确性：若输入不正确，利用 MsgBox 函数显示"重试"和"取消"按钮，按钮值取 5 或 vbRetryCancel；要显示感叹号，按钮值取 48 或 vbExclamation.。

程序代码如下：

```
Private Sub Command1_Click()
    Dim i As Integer
    If Text2.Text <>"Gong" Then
        i=MsgBox("密码错误", 5+vbExclamation, "警告")
        If i <>4 Then
            End
        Else
            Text2.Text=""
            Text2.SetFocus
        End If
    End If
End Sub
Private Sub Form_Load()
    Text1.Text=""
    Text1.MaxLength=6
```

```
        Text2.Text=""
        Text2.MaxLength=4
        Text2.PasswordChar="*"
End Sub
```

3. If …Then…ElseIf 语句

双分支能根据条件的 True 或 False 决定处理两个分支之一,当实际处理的问题有多种条件时,就要用到多分支语句。

语句形式如下:

```
If  <表达式 1>  Then
    <语句组 1>
ElseIf  <表达式 2>  Then
    <语句组 2>
        ⋮
[Else
        <语句组 n+1>]
End If
```

该语句的作用是根据表达式的值确定执行哪个语句组,Visual Basic 在执行时测试条件的顺序为,表达式 1、表达式 2、……一旦遇到表达式为 True,则执行该条件下的语句组,然后执行 End If 后面的语句。其流程如图 4.11 所示。

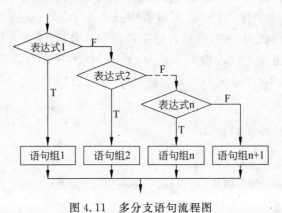

图 4.11　多分支语句流程图

例 4-7　输入一个字符变量,判断该字符是字母字符、数字字符还是其他字符。

程序代码如下:

```
Private Sub Command1_Click()
    Dim ch as string * 1
    ch=InputBox("请输入一个字符: ")
    If UCase(ch)>="A" And UCase(ch) <="Z" Then
        MsgBox (ch+"是字母字符")          '考虑大小写字母
    ElseIf ch>="0" And ch <="9" Then   '数字字符
```

```
        MsgBox (ch+"是数字字符")
    Else                                            '除上述字符以外的字符
        MsgBox (ch+"是其他字符")
    End If
End Sub
```

当分支中有多个表达式同时满足时,则只能执行第一个与其匹配的语句组,因此,要注意多分支表达式的表达次序,防止某些值的过滤。

例 4-8　输入一学生的百分制成绩,将其转化为 ABCDE 等级制。

使用 If 语句实现的程序代码如下:

```
Private Sub Command1_Click()
    x= InputBox("请输入成绩：")
    If  x>=90 then
        g="A"
    ElseIf  x>=80 Then
        g="B"
    ElseIf x>=70  Then
        g="C"
    ElseIf  x>=60 Then
        g="D"
    Else
        g="E"
    End If
    Print g
End Sub
```

4. If 语句的嵌套

If 语句的嵌套是指 If 或 Else 后面的语句块中又包含 If 语句。

语句的格式:

```
If  <表达式 1>  Then              If  <表达式 1>   Then
    <语句组 1>                        <语句组 1>
    If  <表达式 2>  Then          Else
        <语句组 2>                    If  <表达式 2>   Then
    End If                或               <语句组 2>
Else                                  End If
    <语句组 3>                        <语句组 3>
End If                            End If
```

嵌套结构应注意以下两点:

(1) 为了便于阅读,语句应写为锯齿型。

(2) End If 与离它位置最近的没有匹配的 If 是一对的。

4.3.2 Select Case 语句

Select Case 语句(又称为情况语句),是多分支结构的另一种表示形式。其语句形式如下:

```
Select  Case  <变量或表达式>
     Case <表达式列表 1>
         <语句块 1>
     Case <表达式列表 2>
         <语句块 2>
            ⋮
     [Case Else
         语句块 n+1]
End Select
```

说明:

<变量或表达式>可以是数值型或字符串表达式,通常为变量或常量。

<表达式列表>与<变量或表达式>同类型,且必须为下面 4 种形式之一:

(1) 数值串表达式、一组枚举表达式(用逗号分隔) 如 2,4,6,8。

(2) 表达式 1 To 表达式 2,如 60 to 100。

(3) 关系运算符表达式,如 Is <60。

(4) 字符表达式。

例 4-9 输入一学生成绩,将百分制转化为 ABCDE 等级制。

程序代码如下:

```
Private Sub Command1_Click()
    x=InputBox("请输入成绩: ")
    Select Case x
        Case 90 to 100
            g="A"
        Case 80 to 89
            g="B"
        Case 70 to 79
            g="C"
        Case 60 to 69
            g="D"
        Case Else
            g="E"
    End Select
    Print g
End Sub
```

例 4-10 建立如图 4.12 所示的窗体界面,在左边的文本框中输入字符串,以"#"为结束标志。右边的三个文本框中分别显示字母字符、数字字符和其他字符的个数。

分析：由于要动态地统计输入字符串的字符个数，所以每输入一个字符就执行一次累加操作，即文本框的值发生一次变化；以输入"♯"字符为结束标志，所以当输入为"♯"时，输入文本框 Text1 的 Enabled 属性值为 False。

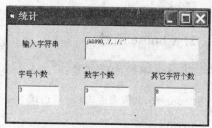

图 4.12　例 4-10 的窗体界面

程序代码如下：

```
Private Sub Text1_Change()
    Dim ch As String * 1
    ch=Right(Text1, 1)
    If ch <>"♯" Then
    If UCase(ch)>="A" And UCase(ch) <="Z" Then
        Text2=Val(Text2)+1
    ElseIf ch>="0" And ch <="9" Then
        Text3=Val(Text3)+1
    Else
        Text4=Val(Text4)+1
    End If
    Else
    Text1.Enabled=False
    End If
End Sub
```

4.3.3　条件函数

1. IIf 函数

形式是：

IIf(<条件表达式>,<表达式 1>,<表达式 2>)

说明：

IIf 函数用来执行简单的条件判断操作，可代替 If 语句。当条件表达式的 True 时返回值为"表达式 1"；否则为"表达式 2"。

例如，求 x,y 中大的数，放入 Tmax 变量中，语句如下：

Tmax=IIf(x>y,x,y)

该语句与下面的语句等价：

```
If  x>y Then
    Tmax=x
Else
```

```
            Tmax=y
End If
```

2. Choose 函数

Choose 函数的形式是：

```
Choose(<数值表达式>,<表达式 1>,<表达式 2>,…,<表达式 n>)
```

说明：

Choose 函数用来执行多分支判断，可代替 Select Case 语句。根据<数值表达式>的值来决定返回其后<表达式列表>中的那个表达式的值。如果<数值表达式>的值为1,则返回<表达式 1>的值,如果<数值表达式>的值为 2,则返回<表达式 2>的值,依次类推。若<数值表达式>的值小于 1 或大于 n,则函数返回 Null。

例如,根据 Nop 的值,得到＋、－、*,/的运算符,语句如下：

```
OP=Choose(Nop, "+", "-", " * ", "/")
```

该语句与下面的语句等价：

```
Select Case NOP
        Case 1
            OP="+"
        Case 2
            OP="-"
        Case 3
            OP=" * "
        Case 4
            OP="/"
End Select
```

4.3.4 分支结构的嵌套

分支语句的嵌套是指分支语句的语句组中又包含分支语句。

(1)

```
IF<条件 1>Then
    …
    IF  <条件 2>Then
        …
    Else
        …
    End If
    …
Else
    …
```

(2)

```
IF<条件 1>Then
    …
  Select Case…
  Case…
    IF<条件 2>  Then
        …
    Else
        …
    End If
    …
```

```
IF<条件 3>    Then                Case…
    …                                …
    Else                            End Select
    …                                …
    End If                          End IF
    …
End IF
```

注意：只要在一个分支内嵌套，不出现交叉，满足结构规则，其嵌套的形式将有很多种，嵌套层次也可以任意多。对于多层 If 嵌套结构中，要特别注意 If 与 Else 的配对关系，一个 Else 必须与 If 配对，配对的原则是：在写含有多层嵌套的程序时，建议使用缩进对齐方式，这样容易阅读和维护。

例 4-11 编程实现求一元二次方程的根。

分析：根据数学知识，在求二次方程的根时要使用判别式 $d=b^2-4ac$。如果 $a<>$ 0 时：

当 $d>=0$ 时，方程有实根。

当 $d>0$ 时，方程有两个不等实根；$d=0$ 时，方程有两个等实根。

当 $d<0$ 时，方程有两个复根。

求根公式为

$$x=\frac{-b\pm\sqrt{b^2-4ac}}{2a}$$

程序代码如下：

```
Private Sub Command1_Click()
    Dim a, b, c, d
    Dim x1, x2
    Dim q, p
    a=InputBox("请输入 a：")
    b=InputBox("请输入 b：")
    c=InputBox("请输入 c：")
    d=b*b-4*a*c
    If d>=0 Then
        If d=0 Then
            x1=(-b+Sqr(d))/(2*a)
            x2=(-b-Sqr(d))/(2*a)
        Else
            x1=(-b)/(2*a)
            x2=(-b)/(2*a)
        End If
        Print "x1="; x1, "x2="; x2
    Else
        p=-b/(2*a)
        q=(Sqr(-d))/(2*a)
```

```
        Print "x1="; p; "+"; q; "i", "x2="; p; "-"; q; "i"
    End If
End Sub
```

例 4-12 编写模拟袖珍考试系统的程序,设计界面如图 4.13 所示;运行界面如图 4.14 所示。要求如下:(1)自动产生一系列的 1～10 的操作数和一个四则运算操作符。(2)学生输入该题的答案,计算机判断学生的答案正确与否。(3)当单击"计分"命令按钮时,给出成绩。

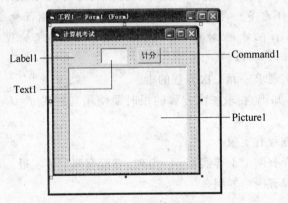

图 4.13　设计界面

(a) 单击"计分"前

(b) 单击"计分"后

图 4.14　运行界面

程序代码如下:

```
Option Explicit
Dim Num1 As Integer, Num2 As Integer        '两个操作数
Dim SExp As String
Dim Result As Single                        '计算结果
Dim NOk As Integer, NError As Integer       '统计计算正确与错误数

Private Sub Form_Load()
'通过产生随机数生成表达式
    Dim NOp As Integer, Op As String * 1    '操作符
```

```
        Randomize                          '初始化随机数生成器
        Num1=Int(10 * Rnd+1)               '产生 1~10 之间的操作数
        Num2=Int(10 * Rnd+1)               '产生 1~10 之间的操作数
        NOp=Int(4 * Rnd+1)                 '产生 1~4 之间的操作代码
        Select Case NOp
           Case 1
              Op="+"
              Result=Num1+Num2
           Case 2
              Op="-"
              Result=Num1-Num2
           Case 3
              Op="×"
              Result=Num1 * Num2
           Case 4
              Op="÷"
              Result=Round(Num1/Num2)
        End Select
        SExp=Num1 & Op & Num2 & "="
        Label1=SExp
    End Sub


    Private Sub Text1_KeyPress(KeyAscii As Integer)
        If KeyAscii=13 Then
           If Val(Text1)=Result Then
              Picture1.Print SExp; Text1; Tab(10); "√ "   '计算正确
              NOk=NOk+1
           Else
              Picture1.Print SExp; Text1; Tab(10); "×"    '计算错误
              NError=NError+1
           End If
           Text1=""                        '下一个表达式生成
           Text1.SetFocus
           Form_Load
        End If
    End Sub


    Private Sub Command1_Click()
        Label1=""
        Picture1.Print "---------------------------------"
        Picture1.Print "一共计算 " & (NOk+NError) & " 道题";
        Picture1.Print "得分 " & Int(NOk/(NOk+NError) * 100)
    End Sub
```

4.4 循环结构

在实际应用中,经常遇到一些操作并不复杂,但需要反复处理的问题。对于这类问题,如果用顺序结构是很烦琐的,有时甚至是难以实现的。为此 Visual Basic 提供了循环结构。循环结构由两部分组成:循环体——重复执行的语句序列;循环控制部分——控制循环执行。

Visual Basic 有三种循环结构:FOR 循环,通常用于循环次数确定的循环;While 循环和 DO 循环通常用于循环次数未知的循环。

4.4.1 For 循环

For 循环也称计数循环,它的一般格式如下:

```
For 循环变量=初值 To 终值[Step 步长]
       [循环体]
       [Exit For]
       [循环体]
Next[循环变量]
```

功能:执行本命令时,系统首先将初值赋值给循环变量,然后判断循环变量是否已超过终值(若步长为负则判断循环变量是否已小于终值),若是则退出循环,否则再次执行循环体,再为循环变量增加步长。执行流程如图 4.15 所示。

说明:

(1) 循环变量:它又称为"循环控制变量"、"控制变量"、"循环计数器"是一个数值变量,用于控制循环数。每循环一次就要修改循环变量的值,即在原来的基础上增加一个步长。

(2) 初值:循环变量的初始值。

(3) 终值:循环变量的终了值,当步长为正时,终值大于初值;当步长为负时,终值小于初值。

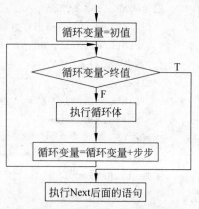

图 4.15 For…Next 语句流程图

(4) 步长:循环变量的增量,是一个数值表达式,但不能为 0,默认值为 1。

(5) 循环的次数由初值、终值和步长三个因素确定,计算公式为:

$$循环次数 = int((终值-初值)/步长+1)$$

通过下面的例子说明 For…Next 循环的执行过程:

```
Dim i As Integer, s As Integer
```

```
s=0
For i=1 To 100 Step 2
   s=s+i
Next i
Print s
```

在这里 i 是循环变量,初值为 1,步长为 2,s＝s+i 是循环体。执行过程如下:

(1) 将 1 赋值给 i。

(2) 将 i 的值与终值进行比较,若 i＞100 则转到(5),否则执行循环体。

(3) i 增加一个步长,即 i=i+2。

(4) 返回(2)继续执行。

(5) 执行 Next 后面的语句。

程序执行完毕,返回的是 100 之内的奇数和。

例 4-13 编程实现求 $n!$,窗体运行界面如图 4.16 所示,要求运行时单击"计算"命令按钮完成阶乘的计算并显示;单击"退出"命令按钮时结束窗体运行。

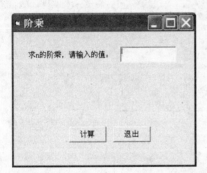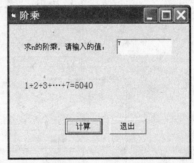

图 4.16 例 4-13 运行界面

分析:根据数学知识,负数的阶乘没有定义,0 的阶乘为 1,正数 n 的阶乘为:
$$c = n! = 1 * 2 * 3 * \cdots * n = (n-1)! * n$$

也就是,一个自然数 n 的阶乘 c 是从 1 开始连续地乘以下一个自然数,直到 n 为止,等于该自然数与前一个自然数的阶乘 c 的积。由此可见,求 n 的阶乘的过程就是重复执行 $c = c * i(i=1,2,3,\cdots,n)$ 的过程,它是已知循环次数为 n 的且循环体为 $c = c * i$ 的循环。初步代码写为:

```
For i=1 To n
   j=j*i
Next i
```

程序运行时,单击"计算"命令按钮,要完成计算和显示的过程。所以在计算命令按钮中完成如下代码:

```
Private Sub Command1_Click()
Dim i%, c As Long, n As Integer
n=Val(Text1): c=1
```

```
For i=1 To n
    c=c*i
Next i
Label2="1+2+…+" & Text1 & "=" & c
End Sub
```

单击"退出"命令按钮时结束窗体运行。则在退出命令按钮中完成如下代码:

```
Private Sub Command2_Click()
    End
End Sub
```

例 4-14   从键盘接收 10 个数,找到并输出其中最大的一个。

分析:先通过 InputBox 接收一个变量,存放到 A 中。设它为最大值 Max,然后再接收第二个值存入到 A 中,再与 Max 进行比较,如果 A>Max,则将 A 赋值给 Max,这样依次执行 10 次,最终的 Max 就是这 10 个数中最大的,程序的流程如图 4.17 所示。

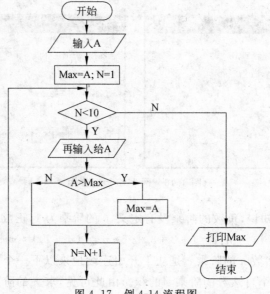

图 4.17   例 4-14 流程图

程序代码如下:

```
Private Sub Form_Click()
a=Val(InputBox("请输入第 1 个数: "))
Max=a
For n=2 To 10
    a=Val(InputBox("请输入第" & n & "个数: "))
    If a>Max Then Max=a
Next
Print Max
End Sub
```

例 4-15 编一程序,显示所有的水仙花数。所谓水仙花数,是指一个 3 位数,其各位数字立方和等于该数字本身。例如,$153 = 1^3 + 5^3 + 3^3$。程序运行界面如图 4.18 所示。

分析:将三位数(从 100~999)的个位、十位、百位通过整除或取余运算分离出来,再判断是否符合条件。

程序代码如下:

```
Private Sub Command1_Click()
For i=100 To 999
    a=Int(i/100)
    b=Int((i-100*a)/10)
    c=i Mod 10
    If i=a^3+b^3+c^3 Then Print i;
Next i
Print
End Sub
```

图 4.18 例 4-15 运行图

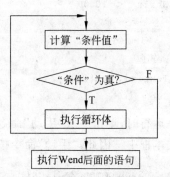

图 4.19 While…Wend 语句流程图

4.4.2 While 循环

一般形式如下:

```
While <条件>
    [循环体]
Wend
```

功能:当给定的条件为 True 时执行循环体。语句流程如图 4.19 所示。

说明:

(1) While 循环语句先对条件进行测试,然后才决定是否执行循环体。如果条件从开始就不成立则一次也不执行循环体,只有在条件为 True 时才执行循环体。

(2) 在正常使用的 While 循环中,循环的执行应该能使条件改变,否则会出现死循环。

(3) While 循环与 For 循环的区别在于:While 循环可以指定循环终止的条件,而

For 循环只能进行指定次数的重复。

例 4-16 实现 n 的阶乘的操作,当阶乘的值大于 10 000 时结束操作。运行界面如图 4.20 所示。"自动"命令按钮用来实现累乘积;每单击一次"手动"命令按钮,执行一次乘积操作,用于演示阶乘的计算过程。

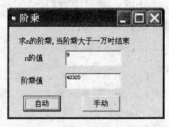

图 4.20 例 4-16 运行示意图

分析:

因为在程序运行前我们并不能准备知道循环执行的次数,所以使用 While 循环。循环条件为 $c<=10\,000$,循环体为 $c=c*i\,(i=1,2,3,\cdots,n)$。由此,"自动"命令按钮的代码为:

```
Private Sub Command1_Click()
    Dim i%, c As Long, n As Integer
    n=Val(Text1): c=1: i=1
    While c <=10000
        c=c * i
        i=i+1
    Wend
    Text1=i: Text2=c
End Sub
```

程序运行时,单击一次"手动"命令按钮执行一次累乘操作,并将循环变量和累乘结果显示在文本框中。因此,"手动"命令按钮的代码为:

```
Private Sub Command2_Click()
    If j=0 Then f=1
    If f <=10000 Then
        j=j+1
        f=f * j
        Text1=j
        Text2=f
    Else
        Command2.Enabled=False
    End If
End Sub
```

写入以上代码后,运行,会发现无论怎样单击 n 的值一直为 1,阶乘的值也始终为 1。这是因为变量 j 和 f 的值在初次执行之后没有保留结果。为了解决这个问题,要将这两个变量定义为窗体级变量,也就是在窗体的通用声明中输入以下语句:

```
Dim j As Integer, f As Long
```

例 4-17 编写程序,判断一个大于 2 的正整数是否为素数。

分析:只能被 1 和它本身整除的数称为素数。为了判断正整数 n 是不是素数,可以

将 n 除以 $2 \sim n$ 之间的所有整数。如果都除不尽,则 n 是素数;否则 n 不是素数。

程序代码如下:

```
Private Sub form_Click()
    n=InputBox("请输入一个正整数: ")
    k=Int(Sqr(n))
    i=2
    s=0
    While i<=k And s=0
        If n Mod i=0 Then
            s=1
        Else
            i=i+1
        End If
    Wend
    If s=0 Then
        Print n; "是素数。"
    Else
        Print n; "不是素数。"
    End If
End Sub
```

4.4.3 Do…LOOP 循环控制结构

Do…LOOP 循环有两种形式,如图 4.21 所示。

形式 1(先判断条件,后执行循环):

```
Do { While|Until }<条件>
    [循环体]
Loop
```

形式 2(先执行循环体,后测试):

```
Do
    [循环体]
Loop{While|Until}条件
```

功能:当指定的"条件"为 True 时或直到"条件"变为 True 前重复执行循环体。

说明:

(1){While|Until}表示关键词 While 和 Until 只能选择也必须选择其中一个。从上面条件循环语句的完整句法可以看出,条件语句的循环条件可以放在循环语句的顶部(前测试),也可以放在循环语句的底部(后测试);而且循环条件也有两种表示形式,即 While 条件和 Until 条件。

(2)对于 While 循环语句,当条件循环语句的循环条件放在顶部时,要先判断循环的

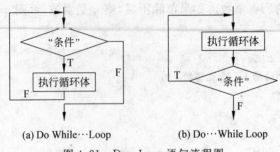

(a) Do While…Loop   (b) Do…While Loop

图 4.21　Do…Loop 语句流程图

条件是否成立。若循环条件式为真,则执行循环体,否则结束循环。而当条件循环语句的循环条件放在底部时,是先执行循环体一次,然后再判断循环的条件式是否成立。如循环条件成立则再次执行循环体,否则结束循环。对于 Until 循环语句则正好与此相反。

（3）对于前测试循环,循环语句的循环条件放在循环体的顶部,则有可能一次也不执行循环体;而对于后测试循环,由于循环语句的循环条件放在循环体的底部,循环体至少执行一次。

（4）在循环体内,可以结合 If…Then 语句用 Exit Do 提前结束循环。

例 4-18　设一张足够大的厚度为 0.5mm 的纸,折多少次可以达到或超过珠穆朗玛峰的高度(8848.13m)。

程序代码如下：

```
Private Sub form_Click()
    x=0.5
    n=0
    Do While x<8848130
      x=x*2
      n=n+1
    Loop
    Print n, x
End Sub
```

4.4.4　多重循环

通常将循环体内不含有循环的循环称为单层循环,而将循环体内含有循环的循环称为多重循环,又称为循环的嵌套。

循环嵌套规则要遵循一定的规则：

（1）嵌套的内外循环不能用相同的循环变量名,不嵌套的循环则可以。

（2）在循环嵌套中,内外循环不可交叉。

（3）利用 Go To 语句可以从循环体内转向循环体外,但不能从循环体外转向循环体内。

违反上述规则,Visual Basic 系统都将作为错误处理。

例 4-19 打印出乘法九九表：$1 \times 1 = 1, 1 \times 2 = 2, \cdots, 1 \times 9 = 9, \cdots, 9 \times 9 = 81$，如图 4.22 所示。

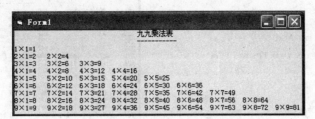

图 4.22 下三角的九九乘法表

分析：打印九九乘法表时，只是利用循环变量作为乘数和被乘数就可方便地解决。
程序代码如下：

```
Private Sub Form_Click()
    Dim I, J As Integer
    Print Tab(50); "九九乘法表"
    Print Tab(50); "-----------"
        For I=1 To 9
            For J=1 To I
                Print I; "×"; J; "="; I * J,
            Next J
        Print
    Next I
End Sub
```

思考：使用循环的嵌套完成九九乘法表的上三角形式，如图 4.23 所示。

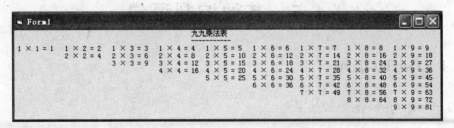

图 4.23 上三角的九九乘法表

例 4-20 编写程序，输出 $100 \sim 999$ 之内的所有素数。

分析：前面已介绍过判断一个正整数是否为素数的方法。为了求 $100 \sim 999$ 之间的所有素数，只需用前面介绍的方法对每个数进行测试，并输出其中的素数。这可以通过一个二重循环来实现。
程序代码如下：

```
Private Sub form_Click()
    Print Tab(30); "三位素数表"
    Print Tab(30); "---------"
```

```
For n=101 To 999 Step 2
    k=Int(Sqr(n))
    i=2
    s=0
    While i<=k And s=0
        If n Mod i=0 Then
            s=1
        Else
            i=i+1
        End If
    Wend
    If s=0 Then
        d=d+1
        If d Mod 8=0 Then
            Print n; "    ";
            Print
        Else
            Print n; "    ";
        End If
    End If
Next n
End Sub
```

图 4.24　例 4-20 运行结果

外层循环使用的是 For…Next 循环,内层循环使用的是 While…Wend 循环,在输出素数时每 8 个一行,程序的运行结果如图 4.24 所示。

4.5　其他控制语句

4.5.1　Go To 语句

Go To 语句的一般形式如下:

Go To {标号|行号}

功能:无条件地转移到标号或行号指定的那行语句。

说明:

(1)标号是一个以英文字母开头以冒号结尾的字符序列。

(2)行号是一个数字序列,它不以冒号结尾。Visual Basic 中的 Go To 语句只能在一个过程中使用。

(3)使用 Go To 语句程序结构不清晰,可读性差。结构化程序设计中要少用或不用 Go To 语句,用分支结构或循环结构来代替。

要产生如图 4.25 所示的结果。

程序代码如下：

图 4.25　Go To 语句示例运行图

```
Private Sub Form_Click()
    x=3
    Do
      x=x+1
      If x=Int(x/3) * 3 Then
        Print x
      Else
        GoTo nextx
      End If
      If x>10 Then Exit Do
    nextx: Loop
End Sub
```

使用 Go To 语句完成例 4-18，它的程序代码如下：

```
Private Sub form_Click()
    x=0.5
    n=1
    again:
    If x<8848130 Then
      x=x * 2
      n=n+1
      GoTo again
    End If
    Print n, x
End Sub
```

4.5.2　On…GoTo 语句

On…GoTo 语句类似于情况语句，用来实现多分支选择控制。其格式为：

On <数值表达式>Go To {标号|行号}

功能：根据数值表达式的值将控制转移到指定的语句。

例如：

```
Private Sub Form_Click()
    On 5 Mod 3 GoTo 10, 20, Here
    Here:
      Print "标号为 Here"
    10
      Print "标号为 10"
    20
```

```
    Print "标号为 20"
End Sub
```

结果显示"标号为 20"。

为什么呢？因为 5 mod 3＝2 而在 On a Mod 3 GoTo 10,20,Here 这句里,20 排在第二位,则执行 20 标签行下的代码。

4.5.3 Exit 语句

Exit 语句用于退出 Do…Loop、For…Next、Function 或 Sub 代码块。对应的使用格式为 Exit Do、Exit For、Exit Function、Exit Sub。分别表示退出 Do 循环、For 循环、函数过程、子过程。例 4-18 也可写成如下形式：

```
Private Sub form_Click()
    x=0.5
    n=1
    Do While 9                              '此句使条件永远成立
      x=x*2
      If x>8848130 Then
         Exit Do
      Else
         n=n+1
      End If
    Loop
    Print n, x
End Sub
```

4.5.4 End 语句

End 语句的形式：

```
End
```

功能：结束一个程序的运行,可以放在任何事件过程中。

在 Visual Basic 中还有多种形式的 End 语句,用于结束一个程序块或过程。其形式有 End If、End Select、End Type、End With、End Sub、End Function 等,它们与对应的语句配对使用。

4.6 综 合 应 用

1. 判断闰年

编写一程序,判断某一年是否为闰年,要求通过对话框实现交互,如图 4.26 所示。

图 4.26　判断闰年运行图

分析：

按公历法的规定：一般情况下，能被 4 整除的是闰年；当年份是整百数时，能被 400 整除才是闰年。也说是说，如果一个年份能被 400 整除或能被 4 整除但不能被 100 整除，才是闰年。

用 1Year 表示要判断的年份，则满足条件(1Year Mod 4＝0 And 1Year Mod 100<>0) Or (1Year Mod 400＝0)的年份才是闰年。

程序代码如下：

```
Private Sub Form_Click()
    Dim 1Year As Integer
    1Year=InputBox("请输入要判断的年份")
    If (1Year Mod 4=0 And 1Year Mod 100 <>0) Or (1Year Mod 400=0) Then
    MsgBox CStr(1Year)+"年是闰年"
    Else
    MsgBox CStr(1Year)+"年不是闰年"
    End If
End Sub
```

2. 求最大公约数和最小公倍数

(1) 辗转相除法

分析：求最大公约数和最小公倍数除了用短除法，还可用辗转相除法，该方法是古希腊数学家欧几里德在公元前 4 世纪给出的。该方法的主要思想是：

对于两个已知的数 m 和 n，其中较大的用 m 表示，较小的用 n 表示。

m 除以 n，余数为 r。

如果余数 r 不为 0，再把上次的除数 n 作为下次的被除数，把上次的余数 r 作为下次的除数，继续去除，直到余数是 0 为止，此时的除数即两数的最大公约数。

如求(108,204)的最大公约数。步骤如下：

① 用 204 除以 108，余数为 96。

② 因余数不为 0，故用 108 作被除数，96 作除数，继续去除，得余数为 12。

③ 因余数仍不为 0，继续用 96 作被除数，12 作除数去除，余数为 0，结束，此时的除数 12 便是两数的最大公约数。

④ 求出最大公约数之后，用两数之积除以最大公约数就得到最小公倍数。

程序代码如下：

```
Private Sub Form_Load()
    Dim m%, n%,m1%, n1%, r%
    n1=InputBox("输入 n")
    m1=InputBox("输入 m")
    If m1>n1 Then
        m=m1
        n=n1
    Else
        m=n1
        n=m1
    End If
    r=m Mod n
    Do While r<>0
        m=n
        n=r
        r=m Mod n
    Loop
    Print m1; ","; n1; "的最大公约数为"; n
    Print "最小公倍数=", m1 * n1/n
End Sub
```

（2）辗转相减法

分析：辗转相减算法的实现过程可描述为，先求出两个数相减的差，用上次的减数做被减数，差做减数，进行第二次减法，用第二次的减数做被减数，差做减数，……直到被减数与减数相等，此时的被减数或减数就是最大公约数。

程序代码如下：

```
Private Sub Form_Click()
    Dim m%, n%,m1%, n1%
    m1=InputBox("请输入 m")
    n1=InputBox("请输入 n")
    If m1>n1 Then
        m=m1
        n=n1
    Else
        m=n1
        n=m1
    End If
    Do Until m=n
        If m>n Then m=m-n Else n=n-m
    Loop
    Print m1; ","; n1; "的最大公约数为"; n
    Print "最小公倍数=", m1 * n1/n
```

```
End Sub
```

3. 数制转换

编写一程序,实现一个十进制转换成二进制、八进制和十六进制的数符。

程序运行结果如图 4.27 所示。

分析:一个十进制数 n 转换为二进制的思路是,将 n 不断地除以 2 取余数,直到商为零,以反序得到结果。

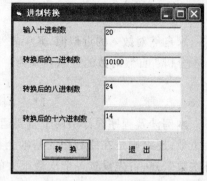

```
Do While n <>0
    a=n Mod 2
    n=n\2
    x=a & x
Loop
```

如果要转换为八进制只需将上面程序的 2 改为 8;如果要转换为十六进制,将上面程序的 2 改为 16 之后,将 10 变为 A,11 变为 B 等。转换命令按钮的程序如下:

图 4.27 数制转换运行图

```
Sub Command1_Click()
    n=Text1
    Do While n <>0
        a=n Mod 2
        n=n\2
        x=a & x
    Loop
    Text2=x

    n=Text1: x=""
    Do While n <>0
        a=n Mod 8
        n=n\8
        x=a & x
    Loop
    Text3=x

    n=Text1: x=""
    Do While n <>0
        a=n Mod 16
        n=n\16
        If a>9 Then                          '超过 9 转换成对应的 A~Z 十六进制表示形式
            x=Chr(a-10+65) & x
        Else
            x=a & x
```

```
        End If
    Loop
    Text4=x
End Sub
```

4. 计算部分级数和

求自然对数 e 的近似值,其误差小于 0.00001。

分析:自然对数的近似公式为:

$$e = 1 + \frac{1}{1!} + \frac{1}{2!} + \frac{1}{3!} + \cdots + \frac{1}{n!} + \cdots = \sum_{i=0}^{\infty} \frac{1}{i!}$$

本例涉及程序设计中两个重要运算:累加和连乘 $i!$。累加是在原有和的基础上再加一个数;连乘则是在原有积的基础上再乘以一个数。该题先求 $i!$,再将 $1/i!$ 进行累加,循环次数未知,可先设置一个次数很大的值,然后在循环体内判断是否到达精度,也可用 Do While 来实现。

程序 1:

```
Private Sub Form_Click()
    Dim i%, n&, t!, e!
    e=0                         '存放累加和结果
    i=0                         '计数器
    n=1                         '存放阶乘的值
    t=1                         '级数第 i 项值
    Do While t>0.00001
        e=e+t
        i=i+1
        n=n*i                   '连乘,求阶乘
        t=1/n                   '累加和
    Loop
    Print "计算 "; i; " 项的和是 "; e
End Sub
```

程序 2:

```
Private Sub Form_Click()
    Dim i%, n&, t!, e!
    e=1                         '存放累加和结果
    n=1                         '存放阶乘的值
    For i=1 To 10000
        n=n*i                   '连乘,求阶乘
        t=1/n
        e=e+t                   '累加和
    If t<=0.00001 Then Exit For
    Next
```

```
        Print "计算"; i; " 项的和是 "; e
End Sub
```

5. 试凑法求方程整数解

百元买百鸡问题：假定小鸡每只 0.5 元，公鸡每只 2 元，母鸡每只 3 元。

分析：设 x、y、z 分别表示母鸡、公鸡和小鸡。x 为 $0\sim33$，y 为 $0\sim50$，z 为 $100-x-y$。

程序代码如下：

```
Private Sub Form_Click()
    Dim x%, y%, z%
    Print "母鸡", "公鸡", "小鸡"
    For x=0 To 33
        For y=0 To 50
        z=100-x-y
        If 3 * x+2 * y+0.5 * z=100 Then
                Print x, y, z
        End if
        Next y
    Next x
End Sub
```

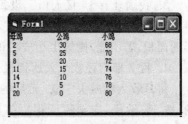

图 4.28　百元买百鸡运行图

程序运行结果如图 4.28 所示。

6. 递推法

递推（迭代）法基本思想是把一个复杂的计算过程转化为简单过程的多次重复。每次都从旧值的基础上递推出新值，并由新值代替旧值。

小猴有桃若干个，第一天吃掉一半多一个；第二天吃剩下桃子的一半多一个；以后每天都吃尚存桃子的一半多一个，到第 7 天只剩一个，问小猴原有桃多少？

分析：用后一天的数推出前一天的桃子数。设第 n 天的桃子为 x_n，是前一天的桃子的 1/2 减去 1。

即 $x_n=\dfrac{1}{2}x_{n-1}-1$，也就是 $x_{n-1}=(x_n+1)\times2$。

程序代码如下：

```
Private Sub Form_Click()
    Dim n%, i%
    x=1
    Print "第 7 天的桃子数为：1 只"
    For i=6 To 1 Step-1
        x=(x+1) * 2
        Print "第"; i; "天的桃子数为："; x; "只"
    Next i
```

End Sub

程序运行结果如图 4.29 所示。

类似问题还有求高次方程的近似根。方法是给定一个初值,利用迭代公式求得近似解,比较新值与初值的差,如果小于所要求的精度,则新值为求得的根;否则用新值代替初值,再重复利用迭代公式求得新值。

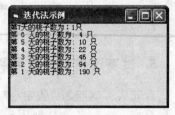

图 4.29 猴子吃桃问题运行图

习 题 4

1. 编程实现 $s=1+2+3+\cdots+100$。

2. 我国现有 13 亿人口。设每个增年 0.8%,编写程序,计算多少年后达到 26 亿。

3. 从键盘上输入 a,b,c 的值,判断以 a,b,c 为边能否构成三角形,若能,则求此三角形的面积,若不能,则输出相应的说明信息。

4. 税务部门征收个人所得税,适用超额累进税率,规定如下:

每月收入额减去 1600 元后的余额,为应纳税所得额。应纳税所得额不超过 500 元的,按 5%纳税;应纳税所得额 500～2000 元部分,按 10%纳税;应纳税所得额不超过 2000～5000 元的,按 15%纳税;应纳税所得额不超过 5000 元的,按 20%纳税。

编写个人所得税计算器,要求:以文本框的形式接收和输出数据,输入和输出的值保留两位小数。

5. 编写程序,计算出 1!+2!+3!+4!+5!+6!+7!+8!+9!+10!。

6. 由键盘输入 10 个数,按由大到小排序输出这 10 个数。

7. 有一对兔子,从出生后第 3 个月起每个月都生一对兔子。小兔子长到 3 个月后每个月又生一对兔子,假设所有的兔子都不死,问每个月的兔子数有多少?

提示:不足月的兔子为小兔,足月但不满 2 个月的兔子为中兔,3 个月以上的兔子为大兔,则从下表中可以看到每个月的兔子数构成 Fibonacci 数列。

第几个月	小兔	中兔	大兔	兔子总数
1	1	0	0	1
2	0	1	0	1
3	1	0	1	2
4	1	1	1	3
5	2	1	2	5
6	3	2	3	8
7	5	3	5	13
8	8	5	8	21
9	13	8	13	34

第 **5** 章 数组

在现实生活中,存在着各种各样的数据。有些数据之间没有太多的内在联系,用简单变量就可以进行存取和处理。第 3 章中用到的变量都属于这种情况。但是,在实际工作中,常常会遇到大批有着内在联系的数据需要处理,例如,学生成绩的统计、人口普查的数据处理、科学实验观测值等。如果仍然用简单变量来存取和处理,不仅很不方便,几乎没有办法处理,有时甚至是不可能处理的。针对这个问题,我们需要引入一个重要的概念——数组来解决。

5.1 数组的基本概念

将一组排列有序、个数有限的变量作为一个整体,用一个统一的名字来表示,这些同类型的有序变量的集合称为一个数组,这个统一的名字就是数组名。数组名的命名规则与简单变量的命名规则相同。数组中所包含的每一个单元就是一个数组元素(或称数组分量)。每个数组元素根据其在整个数组中顺序的位置都有一个唯一的编号(下标)。数组元素由数组名、一对括号和下标来表示。数组的大小决定了数组元素的个数。假设定义了一个包含 5 人成绩的 student 数组,则 student 数组由 5 个元素构成,这 5 个元素可以表示为:

student(0),student(1),student(2),student(3),student(4)

数组中所包含的数据与数组元素一一对应,因此通过数组元素就可以访问数组中的所有数据。因此数组含有以下特性:

(1) 数组由若干个数组元素组成。数组元素的表示方法为:数组名后跟圆括号和下标,如 student(2)就表示数组 student 的元素。

(2) 数组元素在内存中有次序存放,下标代表它在数组中的位置。如数组元素 student(2)表示数组 student 中的第 3 个元素(数组元素下标默认从 0 开始)。

(3) 数组元素数据类型相同,在内存中存储是有规律的,占连续的一段存储单元。例如一个整型数组 a 有 3 个元素 a(0)、a(1)、a(2),那么 a(0)、a(1)、a(2)的数据类型均为整型。

总而言之,数组是由若干个类型相同的数组元素组成的。

在表示数组元素时,应注意以下几点:

(1) 用圆括号把下标括起来,不能使用中括号或大括号代替,圆括号也不能省略。例如,student(2)表示 student 中的第 3 个元素,它不能写成 student[2] 或 student2,也不能写成 student{2}。

（2）下标可以是常量、变量或表达式，其值为整型，如常量、变量或表达式的值为小数，将自动"四舍五入"。

（3）下标的最小值称为下界，下标的最大值称为上界。在不加任何说明的情况下，数组元素的下标下界默认为 0。

数组按照数组元素下标的个数分为一维数组、二维数组和多维数组。三维及以上的数组称为多维数组，最多可以达到六十维。一般来说一维数组用于描述线性问题，二维数组用于描述平面问题，三维数组用于描述空间问题。

例如，存储某班 20 个同学的计算机课成绩，可以定义一维数组 S，如果数组元素下标下界为 1，那么下标 i 说明是第 i 个同学，数组 s(i) 表述第 i 个同学的计算机课成绩。

再如存储某班 30 名同学不同学期计算机课程成绩，可以定义二维数组 a，如果数组元素两个维下标下界都为 1，那么，第 1 个下标 i 说明是第 i 个学生，第 2 个下标 j 说明是哪个学期，数组元素 a(i, j) 描述的是第 i 个同学第 j 个学期的计算机课成绩。

Visual Basic 中用 Dim 语句定义数组，按照元素个数是否确定，分为静态数组和动态数组。

下面再看一个简单的实例。

例 5-1 程序中使用变量与使用数组的对比。

简单变量：

```
Private Sub Command1_Click()
    Dim i as Integer, mark as Integer
    For i=1 To 5
        mark=i                              '为变量 mark 赋值
    Next i
Print "5 次循环结束后,变量 mark 的值为: "& mark   '输出变量 mark 的值
End Sub
```

数组：

```
Private Sub Command2_Click()
    Dim i as Integer
    Dim mark(1 To 5) as Integer          '定义有 5 个数组元素的数组 mark
    For i=1To 5
        mark(i)=i                        '为数组 mark 中每个元素赋值
    Next i
    '输出数组 mark 中第 1~5 个数组元素的值
    Print "5 次循环结束后,数组 mark 中元素值为: "
    Print mark(1); mark(2); mark(3); mark(4); mark(5)
End Sub
```

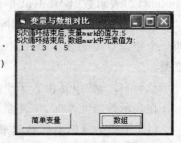

说明：

① 在 Command1_Click( ) 事件中（Command1 的 Caption 为"简单变量"），通过循环结构为变量 mark 赋

图 5.1 例 5-1 程序运行结果

值。我们已知道,计算机内存空间有"取之不尽、一冲就走"的特点,因此变量只能在某一个时刻存储一个数据,即可以给变量赋多次值,但每一次赋值操作后,系统就会用新数据代替变量中原来的数据,因此变量的值应该就是最后一次存放的数据。本例在 5 次循环结束后,mark 中的值为 5,也就是最后一次为 mark 赋予的数据。

② 在 Command2_Click() 事件中(Command2 的 Caption 为"数组"),首先定义了一个具有 5 个数组元素的数组 mark,通过循环结构为数组 mark 中的每个元素赋值。本例在 5 次循环后,每一次赋值分别存放在 mark 中对应的元素中,程序运行结果如图 5.1 所示。

从本例可以看出,数组的使用方法与内存变量相同,也就是说,可以像使用内存变量一样使用数组中的每一个元素,但数组的功能远远超过简单变量。

数组是程序设计中使用最多的一种数据结构,应用也非常广泛。没有数组,程序的编制会很麻烦。特别是将循环结构与数组结合一起使用,可大大提高数据处理的效率,简化编程的工作量。

5.2　数组的声明

数组应当先声明后使用,以使 Visual Basic 在遇到某个标识符时,能将其当做数组来处理。在计算机中,数组占据一块区域,数组名是这个区域的名称,区域的每个单元都有自己的地址,该地址用下标表示。声明数组的目的就是通知计算机为其留出所需要的空间。"先声明后使用,下标不能越界"是数组使用的基本原则。

在 Visual Basic 中,可以用 4 个语句来声明数组,这 4 个语句格式相同,但适用范围不一样,其中:

Dim:用于在过程(Procedure)、窗体模块(Form)或标准模块(Module)中声明数组变量。在过程中使用 Dim 时,所声明的数组变量的作用域为过程级(作用范围为数组声明所在过程)、在窗体模块或标准模块的通用声明段中使用 Dim 时,所声明的数组变量的作用域为模块级(作用范围为数组声明所在模块)。

Private:用于在窗体模块、标准模块的通用声明段中声明一个模块级的私有数组变量,其作用域为模块级。在窗体模块或标准模块的通用声明段使用 Private 和使用 Dim 其作用效果相同。

Public:用于在标准模块中声明公用数组变量,所声明的数组变量的作用域为整个应用程序。在 Visual Basic 中,允许在窗体模块中使用 Public 声明公用简单变量,但是不允许在窗体模块中使用 Public 声明公用数组变量。

Static:用于在过程中声明静态数组变量,所声明的静态数组变量的作用域为该过程。

以上 4 个语句都可以用来声明数组,下面以 Dim 语句为例来说明数组声明的格式,当用其他语句声明数组时,其格式是一样的。

用 Dim 语句声明时就确定了大小的数组称为静态数组,静态数组在程序编译时分配存储空间,一旦分配,数组的大小就不能再改变了。

5.2.1　一维静态数组的声明

格式:

Dim 数组名([下界 to]上界)[AS <数据类型>]

作用:声明数组具有"上界-下界+1"个数组元素,这些元素按照下标由小到大的顺序连续存储在内存中。存储情况如图 5.2 所示。

其中:

(1) 数组名命名要符合变量命名规则。

(2)"下界 to 上界"称为维说明,确定数组元素的下标的取值范围,下界可省略,默认值为 0。但使用 Option Base n 语句可改变系统的默认下界值。如在 Option Base 1 之后声明数组,则此数组的默认下界为"1"(此语句只能放在窗体或模块的通用声明段中,不能出现在过程中,并且必须放在数组声明之前,而且 Option Base n 中,n 的值只能为 1,或者为 0,否则会出现编译错误)。

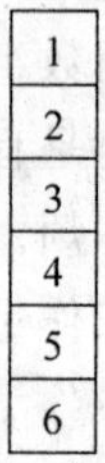

a(1 to 6)

图 5.2　一维数组图

(3) 成对出现的"下界 n"和"上界 n"中,"下界 n"必须小于"上界 n"。

(4) 数组的元素在上下界内是连续的。

(5) [AS <数据类型>]指明数组元素的类型,默认为变体数据类型。

如下面的数组声明语句:

Dim a (1 to 6) as integer

声明数组 a 具有 a(1)~a(6)连续的 6 个数组元素,数组元素的数据类型为整型。

Dim b (6) as string * 6

声明数组 b 具有 b(0)~b(6)连续的 7 个数组元素,数组元素的数据类型为定长字符型,且能存储到 6 个字符。

例 5-2　编写一个程序输入某门课 8 个同学的成绩,将高于平均分的成绩输出。运行效果如图 5.3 所示。

```
Private Sub Form_Click ()
Dim sum!, aver!, i%, x%(1 To 8)
aver=0
For i=1 To 8
x(i)=InputBox("请输入第" & i & "个学生成绩", "成绩录入", 0)
Print "第" & i & "个学生成绩为: " & x(i)
aver=aver+x (i)
Next i
```

　Visual Basic 程序设计教程

```
aver=aver/8
Print "平均分为: " & aver
Print "=======以下成绩高于平均分======="
For i=1 To 8
    If x (i)>aver Then
        Print "第" & i & "个学生成绩为" & x(i)
    End If
Next i
End Sub
```

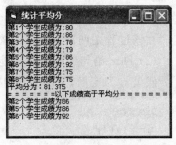

图 5.3　例 5-2 程序运行结果

可以看出,把 8 个同学的学习成绩分别存放在数组 X 的数组元素 x(1)、x(2)、x(3)、x(4)、x(5)、x(6)、x(7)、x(8)中不会造成因为输入下一个数据而覆盖前一个数据,因此若需要对这 8 个数据进行处理(如本例中的输出高于平均分的数组元素),不需要重新录入数据,直接引用即可。

5.2.2　二维静态数组的声明

格式:

Dim 数组名 ([下界 1 to] 上界 1, [下界 2 to] 上界 2)[AS<数据类型>)

作用:声明(上界 1－下界 1+1)×(上界 2－下界 2+1)个连续的存储单元。

例如:

Dim Test (0 to 3, 0 to 4) as Integer 或 Dim Test (3, 4) as Integer

声明了整型的二维数组 Test,第一维的下标范围为 0~3,第二维下标范围为 0~4,数组元素的个数为 4×5 个,每个元素占两个字节的存储空间,元素排列如表 5.1 所示。

表 5.1　二维数组 Test 各元素排列

Test(0,0)	Test(0,1)	Test(0,2)	Test(0,3)	Test(0,4)
Test(1,0)	Test(1,1)	Test(1,2)	Test(1,3)	Test(1,4)
Test(2,0)	Test(2,1)	Test(2,2)	Test(2,3)	Test(2,4)
Test(3,0)	Test(3,1)	Test(3,2)	Test(3,3)	Test(3,4)

二维数组和一维数组声明时对维数说明的要求是相同的,在此不再赘述。

无论是一维数组还是二维数组,声明静态数组要注意如下问题:

(1)静态数组在同一个过程只能声明一次,否则会出现"当前范围内声明重复"的提示信息。

例如:

```
Private Sub Form_Click ()
    Dim x (5) As Integer
    ...
    Dim x (5) As Single
```

```
End sub
```

在该过程中两次声明了静态数组 x。

(2) Dim 语句中的下标只能是常量,不能是变量。例如:

假设 n 为变量,下面的数组声明是非法的:

```
Dim x(n)                          '维数说明不能为变量
Dim x(n+1)                        '维数说明不能为包含变量的表达式
```

错误原因: n 是变量,定长数组声明中的下标不能是变量。

声明 n 为常量后,下面声明数组是合法的:

```
Const n as Integer=6
Dim a(n)                          '维数说明为符号常量
Dim b(n+6)                        '维数说明为符号常量表达式
Dim c(0.6 * 9)                    '维数说明为常量表达式,系统会自动四舍五入并取整
```

(3) 声明数组后,各数组元素的初值与声明普通变量相同。即把数值数组中的全部元素都初始化为 0,而把字符串数组中的全部元素都初始化为空字符。

(4) 要注意区分"可以使用的最大下标值"和"元素个数"。"可以使用的最大下标值"指的是下标值的上界,而"元素个数"则是指数组中成员的个数。例如,在 Dim ARR(5)中,数组可以使用的最大下标值是 5,如果下标值从 0 开始,则数组中的元素为: Arr(0),Arr(1),Arr(2),Arr(3),Arr(4) Arr(5),共有 6 个元素。在这种情况下,数组中某一维的元素个数等于该维的最大下标值加 1。如果下标从 1 开始,则元素的个数与最大下标值相同。此外,最大下标值还限制了对数组元素的引用,对于上面声明的数组,不能通过 Arr(6)来引用数组中的元素。

例 5-3 求一个 3 行 3 列方阵中主对角线元素的和。

分析:由于方阵中主对角线的元素是行下标和列下标相同的元素 a(i,i),所以只要用单循环同时控制行下标和列下标,就能完成主对角线上各元素和的计算。

程序代码如下:

```
Option Base 1
Private Sub Form_Click()
    Dim a(3, 3) As Integer, i As Integer, j As Integer, s As Integer
s=0
Print "方阵中的数据: "
    For i=1 To 3
        For j=1 To 3
        a(i, j)=i * 10+j
        Print a(i, j);
        Next j
    print
    Next i
    For i=1 To 3
```

```
    s=s+a(i, i)
    Next i
    Print "主对角线上各元素的和是："; s
End Sub
```

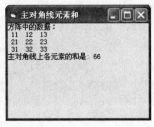

程序运行结果如图5.4所示。

5.2.3　动态数组的声明

图 5.4　例 5-3 运行结果

有时在程序运行前无法确定一个数组的大小，则在一开始声明该数组时，其上下界声明处可为空，在程序运行中获得了一定的参数后，才能确定此数组的大小，再重新声明该数组，则此数组为动态数组。

创建动态数组通常分为两步，其过程如下：

（1）在窗体层、标准模块或过程中先声明一个数组（无下标值）。

在 Visual Basic 中声明动态数组的一般格式为：

Dim 数组名( )[As 数据类型]

（2）在某过程中用 ReDim 再次声明已声明过的动态数组。

ReDim 使用的一般格式为：

ReDim [Preserve] 数组名([数组的上下界声明])[As 数据类型]

说明：

① ReDim：用来重新声明动态数组，按定义的上下界重新分配存储单元，可以对一个数组进行多次重声明。

注意：ReDim 语句可以改变数组的大小，不允许改变数组的数据类型。

② Preserve：为可选项，用于保留动态数组原来的内容。如果动态数组内已存有数据，用 ReDim 改变数组的大小后，则数组元素中的数据会丢失。但如果在 ReDim 语句中使用了 Preserve 选项，则保留数组原来的内容，若是数组变小了，则只丢失被删除部分数组元素中的数据。Preserve 只有改变最后一维的大小，前面几维大小不能改变。

例如：

```
Private Sub Form_Click ()
    Dim a() As Integer
    n=6
    ReDim a(1 To n) As Integer    '声明 a 具有 6 个元素
    For i=1 To n                  '输入 6 个元素的值
        a(i)=i
    Next i
    For i=1 To n
        Print a(i); " ";          '输出 a 中 6 个元素的值
    Next i
    Print
```

```
m=8
ReDim a(1 To m) As Integer    '第二次声明数组 a 中包含元素的个数
For i=1 To n
    Print a(i); " ";           '输出数值 a 前 n 个元素的值
Next i
Print
For i=n+1 To m
    Print a(i); " ";           '输出数值 a 后 m-n 个元素的值
Next i
End Sub
```

运行此段程序,结果如下:

```
1 2 3 4 5 6                    动态数组第二次声明前的值
0 0 0 0 0 0                    动态数组第二次声明后的值
0 0
```

由于程序中第二次用 Redim 语句为动态数组 a 重新分配空间,数组 a 原来的值丢失,因此输出全为 0。

若将 Redim a(1 to m)As Integer 换为 Redim Preserve a(1 to m)As Integer,则输出结果为:

```
1 2 3 4 5 6                    动态数组第二次声明前的值
1 2 3 4 5 6                    动态数组第二次声明后的值
0 0
```

加入关键字 Preserve 后,可保留数组 a 已有的 6 个元素的值,因此只有扩充的后两个元素为 0。

若将 Redim a(1 to m) As Integer 换为 Redim a(1 to m) As String,则在运行程序后将出现一个"不能改变数组元素类型"的编译错误信息。这也就说明了 Redim 语句只能改变数组的大小而不能改变数组的类型。

例 5-4 输入某门课 n 个同学的成绩,将高于平均分的成绩输出。运行效果如图 5.5 所示。

分析:由于在编写程序时并不能确定学生的人数,用于存储学生成绩的数组元素的多少会随学生人数不同而异,所以这种情况很适合用动态数组来处理。

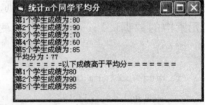

图 5.5 例 5-4 运行结果

程序代码如下:

```
Private Sub Form_Click()
Dim n%, aver!, i%, x%()          '这里先声明一个空数组
'下面的语句用于从键盘得到要统计人数,注意不能输入 0
n=InputBox("请输入统计人数","输入框", 1)
ReDim x (1 To n)
```

```
aver=0
For i=1 To n
    x(i)=InputBox("请输入第" & i & "个学生成绩", "成绩录入", 0)
    Print "第" & i & "个学生成绩为: " & x(i)
    aver=aver+x(i)
Next i
aver=aver/n
Print "平均分为: " & aver
Print "=======以下成绩高于平均分======="
For i=1 To n
    If x(i)>aver Then
    Print "第" & i & "个学生成绩为" & x(i)
    End If
Next i
End Sub
```

比较例题 5-2 和例题 5-4 可以看出，两个程序的结构相同，但数组形式不同。例 5-2 使用的静态数组，在整个程序运行过程中，数组元素是固定的，即 8 个同学的成绩，例 5-4 使用动态数组，Redim 语句中声明数组的维数的语句时使用了变量，学生的人数是不确定的，因此动态数组比静态数组要灵活方便。

例 5-5 编一个程序，按每行 5 个数显示有 n 个数的 Fibonacci 数序列。

分析：

所谓 Fibonacci 数序列，是指除序列中第 1 和第 2 两个元素均为 1 外，序列中其他元素的值是其前两个元素的和，编写程序输入序号 n，显示前 n 个 Fibonacci 数序列。

程序代码如下：

```
Private Sub Command1_Click()
Dim x() As Integer
Dim n%, i%
n=Val(InputBox("输入序列数"))
ReDim x(n-1)
x(0)=1
x(1)=1
For i=2 To n-1
    x(i)=x(i-1)+x(i-2)
Next i
For i=0 To n-1
    Print x(i),
    If (i+1) Mod 5=0 Then Print
Next
End Sub
```

程序运行后当输入 n 的值为 15 时，显示结果如图 5.6 所示。

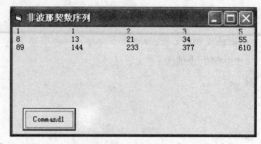

图 5.6　Fibonacci 数序列

5.3　数组的基本操作

建立一个数组之后,可以对数组或数组元素进行操作。数组的基本操作包括对数组的引用、数组的赋值和数组的输出。

5.3.1　数组的引用

声明数组是通过数组名定义数组的整体,声明数组后就可以使用其中的每个数组元素了。数组的引用通常是指对数组元素的引用,其方法是,在数组后面的括号中指定下标,例如 $x(8)$、$y(2,3)$、$z(3)$。

1. 一维数组的引用

引用形式为:

数组名(下标)

其中下标可以是常量、整型变量或表达式。

例如,设有两个一维整型数组 $a(5)$ 和 $b(5)$,则下面的语句都是正确的。

```
a(1)=a(2)+b(1)+5            '下标使用常量
a(i)=b(i)                   '下标使用变量
a(i+2)=b(i+1)               '下标使用表达式
```

其中 $a(1)$、$a(2)$ 代表数组 a 中下标为 1 和 2 的数组元素,$b(1)$ 代表数组 b 中下标为 1 的数组元素。下标为变量或表达式时,根据变量 i 的取值或表达式的计算结果确定数组元素的位置。

2. 二维数组的引用

引用形式为:

数组名(下标 1,下标 2)

———— Visual Basic 程序设计教程

例如,设有二维整型数组 a(3,3)(默认下标的下界为 0),则下面的语句都是正确的。

```
a (1,2)=10
a (3,2)=a(2,3) * 2
```

其中,a(1,2)代表二维数组 a 中第 2 行第 3 列的数组元素。a(2,3)代表第 3 行第 4 列的数组元素。a(3,2)代表第 4 行第 3 列的数组元素。

说明:

① 对数组的引用通常就是对数组元素的引用。在引用数组元素时,要与声明数组时的名称、维数、类型相一致。

② 在数组元素引用时特别要注意下标下界不能越界,即引用数组元素的下标值就应在声明数组时所指定的范围内,必须介于定义数组时指定的下标下界和上界之间,否则将导致"下标越界"的错误。

可以使用 LBound 和 UBound 函数获得数组下标的下界和上界,格式为:

```
LBound ( 数组名 [, 维数 ] )
UBound ( 数组名 [, 维数 ] )
```

说明:

① LBound( )函数测试并返回指定数组中指定维的下界;UBound( )函数测试并返回指定维的上界。

② 数组必须是已声明的数组。

③ 可选参数"维数"用来指定要返回的是第几维的下标的下界或上界,默认时为 1,例如:

对于:

```
Dim  a(1 to 100, 0 to 3, - 3 to 4)
```

LBound(a, 3)结果为－3,UBound(a, 1)结果为 100。

例 5-6 有一个 3 行 4 列的矩阵,在第 i 行,第 j 列存储着数据 i＊10＋j,求各行及各列数据的和,并按图 5.7 所示格示输出数据。

分析:

(1) 将矩阵中数据用一个二维数组 a 存储,第 i 行第 j 列的数据存储于数组元素 a(i,j)中。

(2) 第 i 行元素的和存储于数组元素 a(i,0)中,第 j 列元素的和存储于数组元素 a(0,j)中。

图 5.7 例 5-6 运行界面

程序代码如下:

```
Private Sub Form_Click()
Dim a(0 to 3, 0 to 4) As Integer
For i=1 To 3
    For j=1 To 4
        a(i, j)=i * 10+j
```

```
        Next j
    Next i
    For i=1 To 4
        Print Tab(7 * i+3); "第"; trim(Str(i)); "列";
    Next i
    Print Tab(7 * i+3); "行和"
    For i=LBound(a, 1)+1 To UBound(a, 1)
    Print "第"; trim(Str(i)); "行";
        For j=LBound(a, 2)+1 To UBound(a, 2)
            a(0, j)=a(0, j)+a(i, j)
            a(i, 0)=a(i, 0)+a(i, j)
            Print Tab(7 * j+3); a(i, j);
        Next j
        Print Tab(7 * j+3); a(i, 0)
    Next i
    For j=LBound(a, 2)+1 To UBound(a, 2)
        Print Tab(7 * j+3); a(0, j);
    Next j
    Print
End Sub
```

要注意区分数组定义和数组元素的引用,在下面的程序片段中:

```
Dim x (8)
⋮
Temp=x(8)
⋮
```

有两个 x(8),其中 Dim 语句中的 x(8)不是数组元素,而是"数组说明符",由它说明所建立的数组 x 的最大可用下标值为 8(假设下标从 1 开始);而赋值语句"Temp＝x(8)"中的 x(8)是一个数组元素,它代表数组 x 中下标为 8 的元素。

一般来说,在程序中,凡是简单变量出现的地方,都可以用数组元素代替。数组元素可以参加表达式的运算,也可以被赋值。例如,X(5)＝x(2)＋x(3)。

5.3.2 数组的赋值

1. 静态数组元素赋值

对于静态数组,不能将数组名作为被赋值对象,而只能将数组元素作为赋值对象,利用数组元素是有序存储和静态数组元素个数在定义时已经确定的特点,采用循环结构,逐一为数组元素赋值。通常,采用循环次数固定的 For…Next 结构。一维数组可以通过单循环实现,二维数组可以通过双层循环实现。

给一维数组 a 的每一个元素都赋值为 0 的程序段:

```
Dim a (1,to 10) as Integer
For i=1 To 10
a (i)=0
Next i
```

给二维数组 w 中的每一个元素赋值为 0 的程序段须使用双层循环来实现,程序段为:

```
Dim w (1 to 3, 1 to 2) as Integer
For i=1 To 3
    For j=1 To 2
    W (i, j)=0
    Next j
Next i
```

如果数组元素的值在程序设计时是无法预先确定的,需要在程序运行过程中由键盘输入,可用 Inputbox 函数。以下是通过 Inputbox 函数给数组 a 的每一个元素赋值的程序段:

```
Dim a (1 to 10) as Integer
For i=1 To 10
    a(i)=Inputbox("输入 a(" & i & ")的值")
Next i
```

对于二维数组,可采用双层循环来实现。

```
Dim w (1 to 3, 1 to 2) as Integer
For i=1 To 3
    For j=1 To 2
        W(i,j)=Inputbox("输入"  & i & "," & j & "的值")
    Next j
Next i
```

由于在运行时通过键盘提供数据,程序具有一定的通用性。

例 5-7 编一个程序,通过键盘输入一组 10 个数据,找出并输出其中的最大值和最小值。

分析:求一数组中的最大值(或最小值)的算法是:先取第一个数为最大值(或最小值)的初值;然后将第二个数与最大值(或最小值)比较,若该数大于最大值(或小于最小值),将该数替换为最大值(或最小值);重复执行,直到将这组中所有的数都比较完。在过去,借助简单变量实现了求最大值,但利用简单变量不便实现全部数据的存储,难以较好地体现数据的复用性。如果用数组存储数据,不仅能方便实现数据存储,而且能提高数据的复用性。

程序代码如下:

```
Option Base 1
Private Sub Form_Click()
    Dim d% (10)
```

```
Dim i%, max%, min%
For i=1 To 10
    d(i)=Val(Inputbox("请输入第" & i & "个数据", "数据输入"))
Next i
max=d (1): min=d (1)
For i=2 To 10
    If max<d (i) Then
        max=d(i)
    End If
    If min>d (i) Then
        min=d(i)
    End If
Next i
Print "输入的数据: ";
For i=1 To 10
    Print d (i);
Next i
Print
Print "最大值是: "; max
Print "最小值是: "; min
End Sub
```

如果程序运行时依次输入 12,34,1,23,5,8,6, 11,22,9,则程序运行结果如图 5.8 所示。

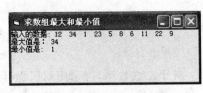

图 5.8　例 5-7 运行结果

2. 动态数组元素赋值

动态数组赋值时,既可将数组元素作为被赋值的对象,也可以将数组名作为被赋值的对象。

尽管动态数组在声明(Dim 语句)时,数组大小没有确定,但是当执行 Redim 语句后,动态数组元素个数和下标的上下限也就确定了,数组元素下标的下界可由 LBound(数组名)函数得到,下标上界可由 UBound(数组名)函数得到,元素的个数可由表达式"UBound(数组名)－LBound(数组名)＋1"得到,因此,所有对静态数组元素赋值的方法同样适合动态数组元素。

具体应用时,Visual Basic 系统也允许将动态数组名作为被赋值对象。下面以函数 Array()为例讲解如何给动态数组赋值。

使用 Array()函数为数组元素赋值的格式为:

```
数组名=Array(<数组元素值表>)
```

其中:<数组名>可以是已经声明过的变体类型的动态数组,也可以是未声明过的数组。数组元素的个数由<数组元素值表>中数据个数决定,数组元素下标的下界可由 LBound(数组名)函数得到,下标上界可由 UBound(数组名)函数得到。例如,以下程序段可以自动定义两个动态数组 a 和 b,并为数组元素赋值。

```
a=Array (1, 3, 4, 5,-6)
b=Array ("abc", "def", "67", "5", "-6")
For i=0 To UBound (a)
    Print a (i); " ";
Next i
Print
For i=0 To UBound (b)
    Print b (i); " ";
Next i
```

注意：Array( )函数只能对一维动态数组赋值。若提前声明了数组,类型必须是变体类型。

为了使程序灵活方便,建议使用下列通用结构,实现对一维动态数组中每一个元素的访问(如输出、参与计算等)。

```
For i=LBound (a) to UBound (a)
    Print a(i),                '本例的作用为输出动态数组的每一个元素
Next i
```

5.3.3　数组的输出

数组的输出实际上就是输出所有的数组元素,而每个数组元素都是一个数据,所以输出数组元素同输出其他的数据一样,可以使用 Label 控件的 Caption 属性显示或用 Textbox 控件的 Text 属性显示,这里主要讲解利用 For 循环或 For 循环嵌套,调用 Print 方法实现将数组元素值输出到窗体或图片框中。输出时可采用 Tab( )函数控制输出格式,使输出的数据清晰。

例 5-8　假定有如下一组数据:

$$38 \quad 47 \quad 62 \quad 53$$
$$24 \quad 84 \quad 92 \quad 51$$
$$35 \quad 52 \quad 46 \quad 37$$
$$97 \quad 74 \quad 85 \quad 92$$

可以用下面程序把这些数据输入到一个二维数组,如图5.9所示。

```
Dim a(1 to 4, 1 to 4) As Integer '写在通用声明段
Private Sub Form_Click ()
For i=1 To 4
    For j=1 To 4
        a(i, j)=InputBox("请输入第" & i & "行第"
        & j & "列" & "数据")
    Next j
Next i
End Sub
```

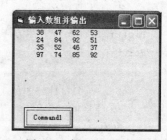

图 5.9　例 5-8 运行结果

原来的数据分为 4 行 4 列,存放在数组 a 中。为了使数组中的数据仍按原来的 4 行 4 列输出,可以这样编写程序:

```
Private Sub Command1_Click ()
For i=1 To 4
    For j=1 To 4
        Print Tab (j * 5+1); a (i, j);
    Next j
Next i
End Sub
```

为了使数组层次清晰,要注意使用 Tab() 函数来控制输出格式,实现行定位输出和换行输出。如上述程序的 Print 方法中使用了 Tab() 函数,实现了行定位输出和换行输出,请读者仔细分析程序中 Tab() 函数参数及分号的作用。

例 5-9　形成 6×6 的方阵,在 3 个 picture 框中分别输出方阵中各元素、上三角和下三角元素,如图 5.10 所示。

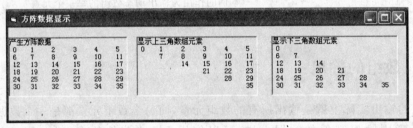

图 5.10　例 5-9 程序运行结果

分析:

① 从产生的 6×6 方阵中可看出规律:第一行的元素为 0~5,以后每一行是前一行对应元素增加 6;在显示各元素时为了满足各元素的对齐,每个元素占 6 列,可以利用 tab 函数定位。

② 要显示上三角,规律是每一行的起始列与行号相同,这只要控制内循环的初值就可以实现。

③ 要显示下三角,规律是每一行的列数与行号相同,这只要控制内循环的终止值就可实现。

```
Private Sub Form_Click()
Dim sc% ( 5, 5)
Picture1.Print "产生方阵数据"
For i=0 To 5
    For j=0 To 5
        sc (i, j)=i * 6+j
        Picture1.Print Tab (j * 6); sc (i, j);
    Next j
    Picture1.Print
```

```
Next i
Picture2.Print "显示上三角数组元素"
For i=0 To 5
    For j=i To 5            '改变内循环的开始值
        sc(i, j)=i * 6+j
        Picture2.Print Tab(j * 6); sc(i, j);
    Next j
    Picture2.Print
Next i
Picture3.Print "显示下三角数组元素"
For i=0 To 5
    For j=0 To i            '改变内循环的终止值
    sc(i, j)=i * 6+j
        Picture3.Print Tab(j * 6); sc(i, j);
    Next j
    Picture3.Print
Next i
End Sub
```

在输出数组时应注意如下问题：

① 采用循环控制结构输出数组各元素的值时，输出方法在循环结构的位置要合理，避免下标超限现象。

如下述两段程序，都是错误的。（请读者分析一下错误的原因）

错误 1：

```
Private Sub Form_Click()
Dim a(5, 5) As Integer
    For i=0 To 5
      For j=0 To 5
          a(i, j)=Int(Rnd * 100)
      Next j
    Next i
    Print Tab(j * 5+1); a(i, j);
End Sub
```

错误 2：

```
Private Sub Form_Click ()
Dim a(5, 5) As Integer
    For i=0 To 5
      For j=0 To 5
          a(i, j)=Int(Rnd * 100)
      Next j
      Print Tab(j * 5+1); a(i, j);
    Next i
```

```
End Sub
```

② 不能通过数组名来输出数组中各元素的值,如下述程序也是错误的:

```
Private Sub Form_Click()
Dim a(5, 5) As Integer
    For i=0 To 5
      For j=0 To 5
          a(i, j)=Int(Rnd * 100)
          Print Tab(j * 5+1); a;
      Next j
    Next i
    End Sub
```

5.4 控件数组

前面所讲述的数组是普通数组,它的类型可以是 Visual Basic 中规定的所有数据类型,也可以是用户自定义类型。由于 Visual Basic 是一种面向对象的程序设计语言,在设计应用程序界面时会用到许多控件对象,当需要对多个控件对象进行统一管理时,可以把它们当做一个整体即控件数组来处理,它为处理一组功能相近的控件提供了方便的途径。

5.4.1 控件数组的概念

控件数组由一组相同类型的控件组成,它们共用一个控件名称为控件数组名,每个控件都有一个唯一的索引号(即下标值),索引号由控件的 index 属性设置,所以通过 index 的值来区分控件数组中的某个元素。Index 的最小值为 0,最大值为 32 767。由于一个控件数组中的各个元素共享 name 属性,所以 index 属性与控件数组中的元素有关。也就是说,控件数组的名字由 name 属性指定,数组中的每个元素则由 index 指定。和普通数组一样,控件数组的下标也放在圆括号中,例如 option1(0)。

当有若干个控件执行大致相同的操作时,控件数组是很有用的,控件数组共享同样的事件过程。例如,假定控件数组 CmdName 是一个含有 3 个命令按钮的控件数组,则不管单击哪一个按钮,都会调用同一个 Click 过程。格式如下:

```
Private Sub CmdName_click (Index as Integer)
    ...
End Sub
```

通过过程参数 index 的值确定用户按的是哪个命令按钮,很显然,该过程应是多分支结构,常采用 Select Case 结构,代码如下:

```
Private Sub CmdName_Click (Index As Integer)
```

```
    …
    Select Case Index
    Case 0
        '执行了第 1 个命令按钮完成的操作
    Case 1
        '执行了第 2 个命令按钮完成的操作
    Case 2
        '执行了第 3 个命令按钮完成的操作
    …
    Case Else
        '执行了第 m 个命令按钮完成的操作
    End Select
End Sub
```

控件数组多用于单选按钮。在一个框架中,有时可能会有多个单选按钮,可以把这些按钮定义为一个控件数组,然后通过 index 属性区分每一个单选按钮。

5.4.2 控件数组的建立

建立控件数组有两种方法:

1. 对建立的多个控件设置相同的控件名

操作步骤如下:

(1) 在应用程序窗体界面上拖曳出所需要的多个相同类型的控件作为控件数组的数组元素。

(2) 单击一个控件,在其所对应的属性窗口的"名称"属性栏中设置为统一的控件数组名。

(3) 再单击另一个控件,同(2)一样设置其"名称"属性,按 Enter 键后出现一对话框询问是否创建一个控件数组,单击"是"按钮。

(4) 把剩余的控件同(2)一样设置后,控件数组就建好了,每个控件的 index 属性按照其设置"名称"时的先后顺序自动编号为 0,1,2,…。

2. 利用剪贴板复制粘贴功能自动建立

操作步骤如下:

(1) 在应用程序窗体界面上拖曳出要建立控件数组的第一个控件对象。在其属性窗口中的"名称"属性栏中设置控件数组名。

(2) 激活第一个控件,单击工具栏中的按钮或选择"编辑"中"复制"命令,将其复制到剪贴板中。

(3) 单击工具栏中的按钮或选择"编辑"菜单中的"粘贴"命令,出现一个如图 5.11 所

图 5.11　建立控件数组

示的对话框询问是否创建一个控件数组,单击"是"按钮。第二个控件对象出现在窗体界面中,其 index 属性的值为 1,第一次建立的控件对象的 index 属性的值为 0。

(4) 还需要几个控件元素,就继续单击工具栏中的按钮进行添加,每个控件的 index 属性按先后顺序自动编号为 0,1,2,…。

例 5-10 建立含有三个命令按钮的控件数组,当单击某个命令按钮时,分别执行不同的操作。运行效果如图 5.12 所示。

按以下步骤建立:

(1) 在窗体上建立一个命令按钮,并把其 Name(名称)属性设置为 Comtest,然后选择"编辑"菜单中的"复制"命令和"粘贴"命令复制两个命令按钮。

(2) 把三个命令按钮的 Caption 属性分别设置为"命令按钮 1"、"命令按钮 2"、"退出"。

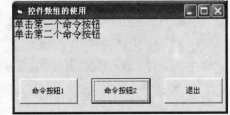

图 5.12 例 5-10 运行结果

(3) 双击任意一个命令按钮,打开代码窗口,输入如下事件过程:

```
Private Sub Comtest_Click(Index As Integer)
    FontSize=12
    If index=0 Then
        Print "单击第一个命令按钮"
    ElseIf index=1 Then
        Print "单击第二个命令按钮"
    Else
        End
    End If
End Sub
```

习 题 5

1. 简述 Visual Basic 中数组元素应具有的特性。

2. 什么是静态数组和动态数组? 它们有什么区别和联系?

3. 为什么数组引用前必须声明? 声明数组的位置及含义是什么?

4. 用下面语句定义的数组中各有多少个元素:

(1) Dim arr(12)　　　　　　　　　(2) Dim arr(3 To 8)

(3) Dim arr (3 to 5,−2 to 2)　　　(4) Dim arr (2, 4, 6)

(5) Option Base 1　　　　　　　　(6) Option Base 1

　　　Dim arr (3, 3)　　　　　　　　　Dim arr (22)

5. 程序运行时产生"下标越界"的错误可能有哪几种?

6. 已知下面的数组声明,写出它的数组名、数组类型、维数、各维的上下界、数组的大小,并按行的顺序列出各元素。

```
Dim a (- 1 to 3, 2) As Integer
```

7. 要建立一个控件数组有几种方法？标识控件数组中各个元素的参数是什么？

8. 编一程序,随机产生 10 个 30～100 的正整数,求最大值、最小值和平均值。

9. 输入 8 名学生的一门课程的考试成绩(假设为整数),统计各分数段学生人数。

10. 用随机函数产生 10 个两位数的整数放入数组中,求最大值及其位置。

第 6 章 过 程

本章主要介绍了 Visual Basic 应用程序中使用的通用过程（General Procedure）。可以单独建立，也可供事件过程和其他通用过程调用。

通用过程分为以下几类：

1. Sub 保留字开始的子程序过程即 Sub 过程，没有返回值。

2. Function 保留字开始的函数过程即 Function 过程，有返回值。

3. Property 保留字开始的属性过程，可以返回和设置窗体、标准模块以及类模块的属性值，也可以设置对象的值。

4. Event 保留字开始的事件过程。

在本章中将介绍如何在 Visual Basic 应用程序中使用 Sub 过程和 Function 过程。

6.1 Sub 过程

6.1.1 Sub 过程的定义

Visual Basic 提供了与 Pascal、C 等语言类似的子程序调用机制，即子程序过程和函数过程。在本书中把由 Sub…End Sub 定义的子过程称为 Sub 过程或子程序过程；由 Function…End Function 定义的函数叫做 Function 过程或函数过程。这一节中介绍 Sub 过程的定义和调用。

1. 定义 Sub 过程

通用 Sub 过程的结构格式如下：

```
[Public|Private][Static] Sub<过程名>([参数列表])
    语句块
    [Exit Sub]
    [语句块]
End Sub
```

用上面的格式定义一个 Sub 过程。例如：

```
Private Sub Subtest ()
    Print "This is a procedure!"
End Sub
```

说明：

（1）Sub 过程以 Sub 开头，以 End Sub 结束，在两者之间是对于操作过程描述的语句块，称为"过程体"。

① Static：指定过程中的局部变量在内存中的默认存储方式。如果使用了 Static，则过程中的局部变量就是 Static 型的，即在每次调用过程时，局部变量的值保持不变；如果省略了 Static，则局部变量就默认为"自动"的，即在每次调用过程时，局部变量被初始化为 0 或空字符串。Static 对在过程之外定义的变量没有影响，即使这些变量在过程中使用。（详见 6.4 节）

② Private：表示 Sub 过程是私有过程，只能被本模块中的其他过程访问，不能被其他模块中的过程访问。

③ Public：表示 Sub 过程是公有过程，可以在程序的任何地方调用它。各窗体通用的过程一般在标准模块中用 Public 定义，在窗体层定义的通用过程通常在本窗体模块中使用，如果在其他窗体模块中使用，则应加上窗体名作为前缀。默认为 Public。

④ 过程名：是一个长度不超过 255 个字符的变量名，在同一个模块中，同一个变量名不能既用作 Sub 过程名又用作 Function 过程名，遵循 Visual Basic 中变量的命名规则。

⑤ 参数列表：含有在调用时传递给该过程的简单变量名或数组名，各名字之间用逗号隔开。"参数列表"指明了调用时传递给过程的参数的类型和个数，每个参数的格式为：

[ByVal|ByRef] 变量名 [()] [As 数据类型]

这里的"变量名"是一个合法的 Visual Basic 变量名或数组名，如果是数组，则要在数组名后加上一对括号。"数据类型"指的是变量类型，可以是 Integer、Long、Single、自定义的类型等。[As 数据类型]表示参数的类型，如果是省略"As 数据类型"，则默认为 Variant。"变量名"前面的[ByVal|ByRef]是可选的，如果加上 ByVal，则表明该参数是"传值"参数，如果没有的参数或者选择 ByRef 则为"传地址"（又称"引用"）参数（详见 6.3.2 节）。在定义 Sub 过程时，"参数列表"中的参数称为"形式参数"，简称"形参"，不能用定长字符串数组作为形式参数。不过，可以在调用语句中用简单定长字符串变量作为"实际参数"，在调用 Sub 过程之前，Visual Basic 把它转换成变长字符串变量。

（2）End Sub 标志着 Sub 过程的结束。为了能正确运行，每个 Sub 过程必须有一个 End Sub 子句。当程序执行到 End Sub 时，将退出该过程，并立即返回到调用语句下面的语句。此外，在过程体内可以用一个或多个 End Sub 语句从过程中退出。

（3）Sub 过程不能嵌套。也就是说，在 Sub 过程内，不能定义 Sub 过程或 Function 过程；不能用 GoTo 或 Return 语句进入或转出一个，只能通过调用执行 Sub 过程，而且可以嵌套调用。

用上面的格式定义一个 Sub 过程。

例如：

```
Sub Test(x As Integer, ByVal y As Integer)
    x=x+8
    y=y*2
```

```
    Print x, y
End Sub
```

上面的过程有两个形式参数 x 和 y,其中第二个形参 y 的前面有个 ByVal,表明该参数是一个传值参数。

过程可以有参数,也可以不带任何参数,没有参数的过程称为无参过程。例如:

```
Sub ContinueQuery ()
    Do
        Response= InputBox ("Continue(Y or N)?")
        If Response="N" Or Response="n" Then End
        If Response="Y" Or Response="y" Then Exit Do
    Loop
End Sub
```

上述过程没有参数。当调用该过程时,询问用户是否继续某种操作。回答"Y"继续,回答"N"则结束程序。对于无参过程,调用时只写过程名即可。

例 6-1　编写一个计算 $N!$ 的 Sub 过程。

```
Private Sub Fact(n As Integer, f As Long)
Dim i As Integer
f=1
    For i=1 To n
        f=f * i
    Next i
End Sub
```

过程中的参数列表可以省略,若某过程省略参数则称为无参过程。

2. 创建 Sub 过程

选择"工具"菜单中的"添加过程"命令,出现"添加过程"对话框(见图 6.1),选择过程类型(子过程、函数、属性、事件)及作用范围(公有的 Public、私有的 Private),单击确定后得到一个过程或函数定义的结构框架(模板),如:

```
Public Sub Sort()
...
End Sub
```

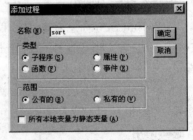

图 6.1　"添加过程"对话框

建立 Sub 过程可以归纳为以下两种方法:

方法 1:

(1) 打开代码编辑器窗口。

(2) 选择"工具"菜单中的"添加过程"命令。

(3) 在对话框中输入过程名,并选择类型和范围。

(4) 在新创建的过程中输入内容。

Visual Basic 程序设计教程

方法 2：

（1）在代码编辑器窗口的对象中选择"通用"，在文本编辑区输入 Private Sub 过程名。

（2）按 Enter 键，即可创建一个 Sub 过程样板。

（3）在新创建的过程中输入内容。

6.1.2 Sub 过程的调用

在 Visual Basic 中每个过程的执行，必须通过调用才能够完成。本节主要介绍如何对 Sub 过程进行调用。

Sub 过程的调用有两种方式：

1. Call 语句调用 Sub 过程

格式：

Call 过程名 [(实参列表)]

说明：

Call 语句调用过程时，实参必须在括号内，若过程本身没有参数，括号可以省略；"实参列表"是传递给 Sub 过程的变量或常数，如果要获得子过程的返回值，实参只能是变量，不能是常量、表达式，也不能是控件名。

实参的个数、类型和顺序，应该与被调用过程的形式参数相匹配，有多个参数时，用逗号分隔。

例 6-1 中给出了求 $N!$ 的子过程，下面我们通过调用该子过程，单击窗体来完成 $5!+8!-6!$ 的运算。

编写代码如下：

```
Private Sub Form_Click()
    Dim a As Long
    Dim b As Long
    Dim c As Long
    Dim d As Long
    Call Fact(5, a)        '调用子过程 Fact,此时会跳转到子程序处执行语句
    Call Fact(8, b)        '子程序执行完后,返回此语句,执行后再次跳转到子过程
    Call Fact(6, c)
    d=a+b-c                '3 次调用子过程,使与形参 f 相对应的实参值为 5!、8!、6!
    Print "5!+8!-6!="; d
End Sub
```

代码编写完成后，运行程序。单击窗体，显示如图 6.2 所示。

图 6.2　程序运行

例 6-2 利用过程编写求三角形面积的程序如图 6.3 所示。

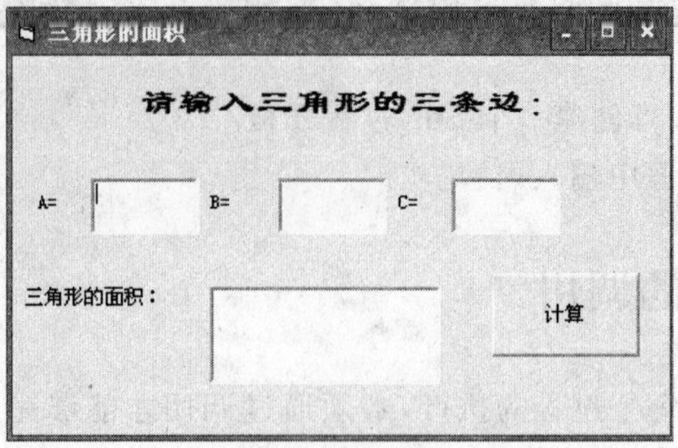

图 6.3　三角形面积

主程序代码：

```
Private Sub Command1_Click()
    Dim a As Single, b As Single, c As Single, w As Single
    a=Text1.Text
    b=Text2.Text
    c=Text3.Text
    Call area(a, b, c, w)
    Text4.Text=Str(w)
End Sub
```

子过程代码：

```
Public Sub area(x As Single, y As Single, z As Single, s As Single)
  Dim p As Single
  p=(x+y+z)/2
  s=Sqr(p*(p-x)*(p-y)*(p-z))
End Sub
```

2. 过程名作为一个语句来调用

格式：

过程名 (实参列表)

说明：

子过程调用时，括号可加可以省略，实参之间用逗号隔开。

对于上面的例子，例 6-2 调用语句只需要改写为 area a,b,c,w。

例 6-3 编写一个程序计算矩形周长的 Sub 过程，并调用该过程计算矩形的周长。

程序代码如下：

子过程代码：

```
Sub RecLong(Rlen, Rwid)
```

```
    Dim Length
    Length= (Rlen+Rwid) * 2
    MsgBox "矩形的周长为："& Length
End Sub
```

主程序代码：

```
Sub Form_Click ()
    Dim X,Y
    X=InputBox("矩形的长度为：")
    X=Val(X)
    Y=InputBox("矩形的宽度为：")
    Y=Val(Y)
    RecLong X, Y
End Sub
```

用通用过程 RecLong 来计算矩形的周长，它有两个参数，矩形的长度和宽度。在窗体的单击事件（Form_Click）中，从键盘上输入矩形的长度和宽度，作为实参来调用 RecLong 过程，采用的第二种调用方法，即通过将过程名作为一个独立的语句。

例 6-4　编写一个两个数互换的 Sub 过程，调用该过程供多次调用。

程序代码如下：

子过程定义如下：

```
Sub Swap(a, b)
    Dim t
    t=a
    a=b
    b=t
End Sub
```

主程序调用如下：

```
Private Sub Form_Click ()
    Dim x,y
    x=2
    y=5
    Swap x,y
    Print "x=";x,"y=";y
End Sub
```

程序运行后显示：x＝5,y＝2。从 Swap 子过程可以看到形参 a，b 承担了两个任务，既从主调程序获得初值，又将结果返回给主调程序，而子过程名是无值的。程序具体调用过程如图 6.4 所示。

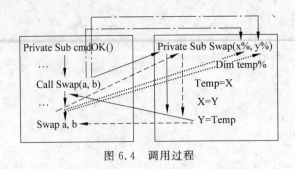

图 6.4　调用过程

6.2　Function 过程

6.2.1　Function 过程的定义

函数过程与子过程最主要的区别在于：函数过程有返回值，而子过程没有返回值。

Function 过程即函数过程，又叫用户自定义函数，调用该过程则返回一个值，通常出现在表达式中。本节介绍 Function 过程的定义和调用。在编程时，可以像调用内部函数一样使用函数过程，不同之处在于函数过程所实现的功能是用户自己编写的。

1. 定义 Function 过程

Function 过程定义的格式如下：

```
[Private|Public][Static]Function <函数过程名>([参数列表]) [As 类型]
    [局部变量或常量定义]
    [语句块 1]
    [函数名=表达式]
    [Exit Function]
    [语句块 2]
    [函数名=表达式]
End Function
```

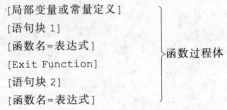

函数过程体

说明：

Function 语句表示 Function 过程定义的开始，End Function 语句表示 Function 过程定义的结束，两者缺一不可。

（1）Public|Private：Public 表示公有的、全局的函数过程，所有模块中的所有过程都可使用这个函数过程。Private 表示函数过程是局部过程，只能被包含其声明的模块中的过程访问，不能被其他模块中的过程访问。Function 前面没有指定 Private 等关键字，则默认的是 Public。

（2）Static 定义后，函数体中所有的局部变量都相当于静态变量，即在每次调用函数过程时，局部变量的值保持不变。

（3）Exit Function，即退出 Function，常与选择结构（If 或 Select Case 语句）联用，即当满足一定条件时，退出函数过程。

（4）若省略了函数类型"As 类型"，则返回值的类型为 Variant。

（5）Function 与 Sub 的区别：Function 有返回值，Sub 没有；Function 有类型说明，Sub 没有；对函数的调用，实参一定要放在括号"（）"中。

（6）形参列表形式：形参名 1［As 类型］，形参名 2［As 类型］，…。

函数过程首尾两行的输入也可以用"工具"菜单中的"添加过程"命令来完成。但函数的返回值及形参需要自己定义。

用上面的格式定义一个 Function 过程，例如：

```
Function sum(s%,y%) As Integer
    Sum=x+y
End Function
```

在上述函数过程中，"As Integer"定义名为 sum 的函数过程返回值为整型，通过语句 sum＝x＋y 对函数名赋值。

2. 创建 Function 过程

Function 过程的创建方法与 Sub 过程的创建方法类似，同样也有两种方法。

（1）方法 1 为利用命令定义函数过程。

① 在窗体或代码窗口中，选择"工程"菜单中的"添加模块"命令。在"添加模块"对话框的"新建"选项卡中选择"模块"，单击"打开"按钮。

② 选择"工具"菜单中的"添加过程"命令，在"添加过程"对话框的"名称"文本框中输入函数过程名；在"类型"栏内选择"函数"；在"范围"栏内选择"公有的"（Public）或"私有的"（Private）。选择"公有的"，表示在此定义的函数过程在该应用程序的所有模块中的所有过程都可调用。选择"私有的"，表示在此定义的函数过程只能在定义的模块中调用。由此建立了一个函数过程的模板，在其中编写函数过程代码，如图 6.5 和图 6.6 所示。

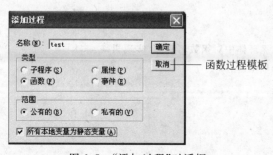

图 6.5　"添加过程"对话框

图 6.6　过程编辑

（2）方法 2 是在代码窗口定义函数过程。

在窗体、标准模块的代码窗口的通用声明段中定义函数过程，直接输入函数过程代码。

6.2.2 Function 过程的调用

Function 过程的调用格式如下：

格式：

函数名(实参列表)

说明：

在调用时实参和形参的数据类型、顺序、个数必须匹配。函数调用只能出现在表达式中，其功能是求得函数的返回值。

Visual Basic 中也允许像调用 Sub 过程一样来调用 Function，但这样就没有返回值。

例 6-5 编写一个计算 $N!$ 的函数过程，如图 6.7 所示。

$$N! = N*(N-1)*(N-2)*\cdots*2*1$$

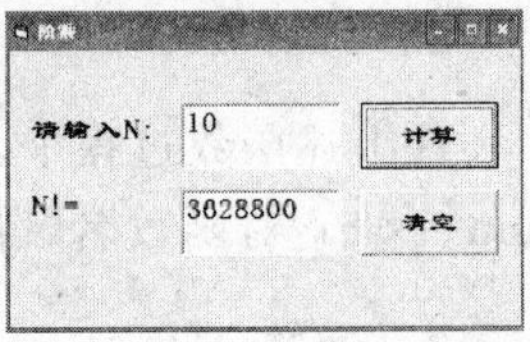

分析：编写计算 $N!$ 的函数过程，N 是一个自变量。因此在函数过程中，将 N 作为一个参数。

单击"计算"按钮的事件过程：

图 6.7 $N!$ 的函数过程

```
Private Sub Command1_Click()
    n=Val(Text1)
    m=fact(n)                    '调用函数过程
    Text2=m
End Sub
```

在代码窗口的通用声明段中，编写函数过程：

```
Public Function fact(ByVal n As Integer) As Long
    Dim k As Integer            'k:函数过程中的局部变量
    fact=1                      '初始化
    If n=0 Or n=1 Then
        Exit Function
    Else
        For k=1 To n
            fact=fact*k         '在循环体中对函数名赋值,实现累乘,求 N!
        Next k                  '循环结束
    End If
End Function
```

单击"清空"按钮的事件过程：

```
Private Sub Command2_Click()
    Text1=""
    Text2=""
End Sub
```

例 6-6 编写一个函数过程求两个自然数的最大公约数。

分析：

求最大公约数可用"辗转相除法"，其算法思想如下：

① x 除以 y 得到余数 r。

② 若 $r=0$，则 y 为要求的最大公约数，算法结束；否则执行③。

③ $y \rightarrow x, r \rightarrow y$，再转到①执行。

编写代码：

新建工程，双击窗体，在 Form 的事件列表中选择 Click，输入如下代码。

```
Function max_ys (ByVal a%, ByVal b%)    '求最大公约数的函数过程,返回值的类型为整型
    If a<b Then t=a: a=b: b=t
    r=a Mod b
    Do While(r<>0)
        a=b: b=r: r=a Mod b
    Loop
    max_ys=b
End Function
```

6.3　过程中的参数传递

在调用一个过程时，必须把实际参数传递给过程，完成形式参数与实际参数的结合，然后用实际参数执行调用的过程。

6.3.1　形参和实参

在 Visual Basic 中，参数分为形式参数和实际参数：

形式参数（即形参）：指出现在 Sub 和 Function 过程形参表中的变量名、数组名，过程被调用前，没有分配内存，其作用是说明自变量的类型和形态以及在过程中的角色，形参表中的各个变量之间用逗号分隔。

实际参数（即实参）：是在调用 Sub 和 Function 过程时，传送给相应过程的变量名、数组名、常数或表达式。在过程调用传递参数时，形参与实参是按位置结合的，形参表和实参表中对应的变量名可以不必相同，但位置必须对应起来。

形参与实参的关系：形参如同公式中的符号，实参就是符号具体的值；调用过程：即实现形参与实参的结合，也就是把值代入公式进行计算。

在 Visual Basic 的不同模块（过程）之间数据（参数）的传递有两种方式实现：按地址（位置）传送和按值（名）传送。

按地址传送实参的位置、次序、类型与形参的位置、次序、类型一一对应，与参数名没有关系。如在调用内部函数时，用户根本不知道形参名，只要关注形参的个数、类型、位置即可，例如取子串的 Mid 函数形式：

Mid(字符串$,起始位%,取几位%)

若调用语句：s＝Mid("Happy New Year",11,2)，则 s 中的结果为"Ye"。

形参可以是：变量，带有一对括号的数组名。

实参可以是：同类型的常数、变量、数组元素、表达式、数组名（带有一对括号）。

6.3.2 传值和传址

在 Visual Basic 中，可以通过两种方式传递参数，即传地址(ByRef)和传值(ByVal)。

1. 传地址

传地址：形参得到的是实参的地址，当形参值的改变同时也改变实参的值，又称引用。关键字 ByRef 可以省略。这种传递方式不是将实际参数的值传递给形参，而是将存放实际参数值的内存中存储单元的地址传递给形参，因此形参和实参具有相同的存储单元地址，也就是说，形参和实参共用同一存储单元。在调用 Sub 过程或 Function 过程时，如果形参的值发生了改变，那么对应的实参的值也将随着改变，并且实参会将改变后的值带回调用该过程的程序，即这种传递是双向的。

例如：

```
Private Sub test1(ByRef x%)  'ByRef 可以省略
    ...
End Sub
```

例如，编写一个程序，试验传地址方式的使用。

```
Sub test(a%,b%)
    a=a*5
    b=b^2
End Sub
```

例 6-7 定义一个按地址传递参数的函数过程，调用函数过程后观察实际参数的变化。

分析：首先建立一个窗体，在窗体上添加一个命令按钮，在窗体的通用部分建立函数过程 andzh(按地址)，在命令按钮的单击事件过程中调用此子过程，代码编写如下：

定义函数过程：

```
Function andzh(ByRef a As Integer, b As Integer)
    a=10+a
    b=20*b
    andzh=a+b
    Print "a="; a, "b="; b
End Function
```

调用函数过程：

```
Private Sub Command1_Click()
    Dim x As Integer
    Dim y As Integer
    x=100
    y=200
    Call andzh(x, y)
    Print "x="; x, "y="; y
End Sub
```

图 6.8 "按地址"传递参数函数过程

程序运行时,单击命令按钮,窗体中的显示如图 6.8 所示。

如图 6.8 中,第一行输出的是调用函数过程 andzh 时的输出,第二行输出的是调用完函数过程后输出。由结果分析得出,用传地址的方法调用函数过程,会改变实际参数的值。

2. 传值

传值是通过值传送实际参数,即传送实参的值而不是实参的地址。此时,系统把需要传送的变量复制到一个临时单元中,然后把该临时单元的地址传送给被调用的通用过程。由于通用过程没有访问变量(实参)的原始地址,因而不会改变原来变量的值,所有的变化都是在变量的副本上进行的。

在 Visual Basic 中,传值方式通过关键字 ByVal 来实现。例如:

```
Private Sub test2(ByVal x%)
    x=x+1
End Sub
```

说明:

在定义通用过程时,若形参前面有关键字 ByVal,则表示该参数用传值方式传送,否则用传地址方式传送。

如果实参是变量,但又想采用按值方式传递,此时只需在定义该过程的形式参数表中的该变量的前面加上关键字 ByVal,或将调用过程语句的实际参数表中的该变量用圆括号括起来即可。其他既没有在形式参数表中加关键字 ByVal,也没有在实际参数表中括起来的变量仍采用按地址传递方式。在调用一个 Sub 过程或 Function 过程时,可以根据需要对不同的参数采用不同的传递方式。

例 6-8 定义一个按值传递参数的子过程,调用此子过程后观察实际参数的变化。
同样用上例中的界面:

```
Public Sub anzh(ByVal a As Integer, ByVal b As Integer)
    a=10 * a
    b=20+b
    Print "a="; a, "b="; b
End Sub
```

调用过程如下：

```
Private Sub Command1_Click()
    Dim x As Integer
    Dim y As Integer
    x=100
    y=200
    Call anzh(x, y)
    Print "x="; x, "y="; y
End Sub
```

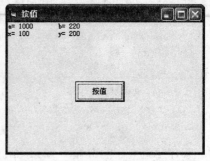

图 6.9 "按值"传递参数函数过程

结果显示如图 6.9 所示。

例 6-9   编写一个程序分别使用传地址和传值的传递方式实现两个数的交换。
按照传值进行交换：

```
Sub Swap1(ByVal  a%, ByVal  b%)
    Print "交换前: ";"x=";x;"y=";y
    t%=a: a=b: b=t
    Print "交换后: ";"x=";x;"y=";y
End Sub
```

按照传地址进行交换：

```
Sub Swap2(a%, b%)                    '省略了 ByRef
    Print "交换前: ";"x=";x;"y=";y
    t%=a: a=b: b=t
    Print "交换后: ";"x=";x;"y=";y
End Sub
```

主程序：

```
Private Sub Form_Click()
    x%=10: y%=20: Swap1 x, y         '传值
    Print "X1="; x, "Y1="; y
    x=10: y=20:   Swap2 x, y         '传址
    Print "X2="; x, "Y2="; y
End Sub
```

3. 传地址与传值的区别

传地址时，实参和形参共用一个内存单元，对形参的操作等同于对实参操作。
传值时，实参和形参使用不同内存单元，对形参的操作不会对实参产生影响。
在调用过程时，既可采用传值也可采用传地址。但对字符串型采用传值的方法会多占用大量的内存。采用传地址的方法，占用内存少，效率高。

6.3.3   数组参数的传递

在通过传地址方式进行参数传递时，数组也可以作为过程的参数。

Visual Basic 中当参数是数组时,允许把数组作为实参传递到过程中。假定定义如下过程:

```
Sub Test(x(), y())
    ...
End Sub
```

该过程有两个形参,这两个形参都是数组。调用该过程可以使用下面的语句:

```
Call Test(a(), b())
```

这样,就把数组 a 和 b 传递给过程中的数组 x 和 y。当用数组作为过程的参数时,使用的是"传地址"方式,而不是"传值"方式,也就是说不是把 b 数组中各个元素的值一一传递给过程的 y 数组,而是把 b 数组的起始地址传给过程,使 y 数组也具有与 b 数组相同的起始地址,如图 6.10 所示。

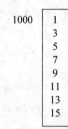

设 a 数组有 8 个元素,在内存中的起始地址为 1000。在调用过程 Test 时,进行"形实结合",a 的起始地址 1000 传递给 x。因此,在执行该过程期间,a 和 x 同占一段内存单元,a 数组中的值与 x 数组共享。如 x(1)的值就是 a(1)的值,都是 2。如

图 6.10 数组参数的传递

果在过程中改变了数组的值,例如,x(5)=19 则在执行完过程后,主程序中数组 a 的第 5 个元素 a(5)的值也变为 19 了。也就是说,用数组作为过程参数时,形参数组中各元素的改变将被带回到实参。这个特性是很有用的。

如前所述,数组一般通过传地址方式传送。在传送数组时,除遵守参数传递的一般规则外,还应注意:

(1) 为了把一个数组的全部元素传送给一个过程,应将数组名分别放入实参表和形参表中,并略去数组的上下界,但括号不能省略。

例如,在窗体层声明如下数组:

```
Dim Values() As Integer
```

编写如下通用过程:

```
Static Sub changeArray(Min%,Max%,p() As Integer)
    For i=Min to Max
        p(i)=i^3
    Next i
End Sub

Static Sub PrintArray(Min%,Max%,p() As Integer)
    For i=Min to Max
        Print p(i)
    Next i
    Print
```

```
End Sub
```

编写如下事件过程：

```
Sub Form_Click()
    ReDim Values(1 to 5) As Integer
    Call changeArray(1,5, Values())
    Call PrintArray(1,5, Values())
End Sub
```

上述程序把整个数组传送到通用过程中。数组在实践过程（主程序）中定义，名为 Values，在实参表中写作 Values()；在通用过程的形参表中，数组名写作 p()。当调用过程时，就把主程序中的数组 Values() 作为实参传送给通用过程中的 p()。程序的输出结果为：

```
1
8
27
64
125
```

（2）如果不需要把整个数组传递给通用过程，可以只传递指定的单个元素，这需要在数组名后面的括号中写上指定元素的下标。

例如：

```
Dim t_array() As Integer
Static Sub Sqval(a)
    a=Spr(Abs(a))
End Sub
Private Sub Form_Click()
    ReDim t_array(1 To 5, 1 To 3)
    t_array(5, 3)=-36
    Print t_array(5, 3)
    Call Sqval(t_array(5, 3))
    Print t_array(5, 3)
End Sub
```

该例中 Call Sqval(t_array(5, 3)) 语句把数组 t_array 第 5 行第 3 列的元素送到过程 Sqval。在调用过程 Sqval 之后，改变了 t_array(5,3) 的值。程序的输出结果为：

```
-36
6
```

（3）被调过程可通过 Lbound() 和 Ubound() 函数确定实参数组的下、上界。

例如：

```
Static Sub Printout(a())
    For row=Lbound(a,1) To Ubound(a,1)
        For col=Lbound(a,2) To Ubound(a,2)
```

```
        Print a(row, col)
      Next col
   Next row
End Sub
```

例 6-10　编写一函数 arr, 求任意一维数组中各元素之积。

```
Function arr(a()  As Integer)
  Dim t#, i%
  t=1
  For i=Lbound(a) To Ubound(a)
    t=t * a(i)
  Next i
  arr=t
End Function
```

调用:

```
Sub Command1_Click()
    Dim a%(1 To 5),b%(3 To 8)
    …
    t1#=arr (a())
    t2#=arr (b())
    Print   t1, t2
End Sub
```

例 6-11　编一程序, 求数组的最大值。
此例通过设计通用过程来求数组的最大值。
通用过程设计如下:

```
Private Function ArryMax(x() As Integer)
    Dim ArryLow As Integer, ArryHig As Integer, i As Integer
    ArryLow=LBound(x)                '记录数组下标的下界
    ArryHig=UBound(x)
    Max=x(ArryLow)
    For i=ArryLow To ArryHig
        If x(i)>Max Then Max=x(i)
    Next i
    ArryMax=Max
End Function
```

该过程先求数组的上界和下界, 然后从整个数组中找出最大值。过程中的数组是一个形式参数, 调用如下:

```
Sub Form_Click()
    ReDim b(4) As Integer
    b(1)=30
```

```
            b(2)=80
            b(3)=234
            b(4)=876
            c=ArryMax(b())
            print c
End Sub
```

程序执行后,单击窗体,输出结果为 876。

上面介绍了 Visual Basic 过程的参数传递,还应注意以下几点:

(1) 当把常数和表达式作为实参传递给形参时,应注意类型匹配。

通常有以下三种情况:

① 字符串常数和数值常数分别传送给字符串类型的形参和数值类型的形参。

② 当传递数值常数时,如果实参表中的某个数值常数的类型与 Function 或 Sub 过程形参中相应的形参类型不一致,则这个常数被强制变为相应形参的类型。

③ 当作为实参的数值表达式与形参类型不一致时,通常也强制变为相应的形参的类型。

(2) 记录是用户定义的类型,传送记录实际上是传送记录类型的变量。

一般步骤如下:

① 定义记录类型。

例如:

```
Type StockItem
    PartNumber As String * 8
    Description As String * 20
    UnitPrice As Single
    Quantity As Integer
End Type
```

② 定义记录类型变量。

例如:Dim StockRecord As StockItem

③ 调用过程,并把定义的记录变量传送到过程。

例如:Call FindRecord(StockRecord)

④ 在定义过程时,要注意形参类型匹配。

例如:Sub FindRecord(Record As StockItem)

(3) 单个记录元素的传送。

传送单个记录元素时,必须把记录元素放在实参表中,写成"记录名.元素名"的形式。

6.4 变量的作用域

Visual Basic 的应用程序由若干个过程组成,这些过程一般保存在窗体文件或者标准模块文件中。变量在过程中是必不可少的。一个变量、过程随所处的位置不同,可被访问的范围不同,变量、过程可被访问的范围称为变量的作用域。

6.4.1　变量的作用域

变量的作用域决定了哪些子过程和函数过程可访问该变量。

变量的作用域分为局部变量、窗体/模块级变量和全局变量。表 6.1 列出了三种变量的作用范围及使用规则。

表 6.1　三种变量声明规则

作用范围	局部变量	窗体/模块级变量	全局变量	
			窗体	标准模块
声明方式	Dim、Static	Dim、Private	Public	
声明位置	过程中	窗体/模块的"通用声明"段	窗体/模块的"通用声明"段	
能否被本模块的其他过程存取	不能	能	能	
能否被其他模块存取	不能	不能	能,但在变量名前要加窗体名	能

1. 局部变量

局部变量指在过程内用 Dim 语句声明的变量(或不加声明直接使用的变量)。它是只能在本过程中使用的变量,其他的过程不可访问。局部变量随着过程的调用而分配存储单元,并进行变量的初始化,在此过程体内进行数据的存取,一旦该过程体结束,变量的内容自动消失,占用的存储单元被释放。不同的过程中可有相同名称的变量,互不相干。局部变量的使用,有助于程序的调试。

例如:

```
Private Sub Form_Load()
    Dim s As Integer
    s=1
End Sub
```

其中 s 即局部变量,只在 Form_Load()过程中有作用。若在其他的事件过程中调用,就会出现"变量未定义"的错误。(注意:这是在使用了强制声明 Option Explicit 之后才会提示错误的,否则 Visual Basic 系统会自动给它赋值,不会提示错误)

2. 窗体/模块级变量

窗体/模块级变量指在一个窗体/模块的任何过程外,即在"通用声明"段中用 Dim 语句或用 Private 语句声明的变量,可被本窗体/模块的任何过程访问。

3. 全局变量

全局变量指在标准模块的任何过程或函数外,即在"通用声明"段中用 Public 语句声明的变量,可被应用程序的任何过程或函数访问。全局变量的值在整个应用程序中始终不会消失或重新初始化,只有当整个应用程序执行结束时,才会消失。

例如,在下面一个标准模块文件中不同级的变量声明:

```
Public Pa As integer             '全局变量
Private  Mb  As string * 10      '窗体/模块级变量


Sub F1( )
    Dim  fa  As integer          '局部变量
    …
End Sub


Sub F2( )
    Dim  fb  As Single           '局部变量
    …
End Sub
```

若在不同级声明相同的变量名,系统按局部、窗体/模块、全局次序访问如:

```
Public Temp As integer           '全局变量
Sub Form_Load()
    Dim Temp As Integer          '局部变量
    Temp=10                      '访问局部变量
    Form1.Temp=20                '访问全局变量必须加窗体名
    Print Form1.Temp, Temp       '显示 20  10
End Sub
```

一般来说,在同一模块中定义了不同级别而有相同名的变量时,系统优先访问作用域小的变量名。

6.4.2 静态变量

在 Visual Basic 过程中使用 Dim 语句声明的局部变量,只能在过程被调用时存在,即过程被调用时,该变量获得存储空间,过程调用结束,变量占用的存储空间被释放,变量的值也丢失。下一次调用该过程,它的所有局部变量被重新初始化。

为了保持局部变量的值,可用 Static 语句将局部变量声明为静态变量,它在程序运行过程中可保留变量的值。即每次调用过程时,用 Static 声明的变量保持原来的值,而用 Dim 语句声明的变量,每次调用过程时会被重新初始化。

静态变量的声明形式如下:

```
Static 变量名 [AS 类型]
```

可以看出,Static 语句的格式与 Dim 语句完全一样,但 Static 语句只能出现在事件过程、Sub 过程或 Function 过程中。在过程中的 Static 变量只有局部的作用域,即只在本过程中可见,但可以和模块级变量一样,即使过程结束后,其值仍能保留。

在程序设计中,Static 语句常用于以下两种情况:

(1) 记录一个事件被触发的次数,即程序运行时事件发生的次数。

例如:

```
Private Sub Command1_Click()
    Static num As Integer
    num=num+1
    MsgBox "命令按钮被单击的次数: "+Str(num)
End Sub
```

该事件过程用来记录命令按钮被单击的次数,在过程中用 Static 语句来定义计数器 num,每次执行完后,num 仍保留原来的值,从而记录下单击命令按钮的次数。如果将 Static 改为 Dim,不管单击多少次命令按钮,单击的次数始终是 1。

(2) 用于开关切换。

例如:

```
Private Sub Command2_Click()
    Static kg
    kg=Not kg
    If kg=0 Then
        Text1.FontBold=True
    Else
        Text1.FontBold=False
    End If
End Sub
```

该过程用来切换文本框中的字体。假如文本框中的字体为普通字体,则单击一次命令按钮将变为粗体;如果再单击一次命令按钮,则又变为普通字体,如此反复。

例 6-12　编一程序,非静态变量和静态变量的生命期。

```
Private Sub Form_Click()
    Dim  i%, isum%                    '局部变量
    For i=1 To 5
        isum=sum(i)
        Print  isum,
    Next i
    Print
End Sub


Private  Function  sum(n  As  Integer) As Integer
    Dim  j  As Integer                '非静态局部变量
```

```
    j=j+n
    sum=j
End Function
```

连续单击窗体三次,程序运行结果如图6.11所示。

若定义 Static j As Integer,结果如何?

结果如图6.12所示。

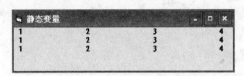

图6.11 非静态局部变量

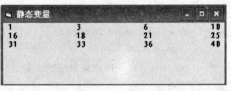

图6.12 静态局部变量

习　题　6

1. 简述 Visual Basic 中子过程和函数过程的特点。

2. 什么是形参,什么是实参,调用时如何对应,应注意的问题是什么?

3. 在窗体上添加一个命令按钮,编写如下程序:

```
Sub Test1(a As Integer)
    Static x As Integer
    x=x * a
    Print x;
End Sub
Private Sub Command1_Click()
    Test1 1
    Test1 2
    Test1 3
End Sub
```

程序运行后,单击命令按钮,输出的结果是_____。

4. 有如下程序:

```
Option Base 1
Private Sub Form_Click()
Dim arr, Sum
Sum=0
arr=Array(1, 3, 5, 7, 9, 11, 13, 15, 17, 19)
For i=1 To 10
If arr(i)/3=arr(i)\3 Then
Sum=Sum+arr(i)
```

```
End If
Next i
Print Sum
End Sub
```

程序运行后,单击窗体,输出结果是_____。

5. 编写程序。求 $S=A!+B!+C!$,阶乘的计算分别用 Sub 和 Function 过程两种方法实现。A、B、C 的值由键盘输入。

6. 编写一个过程 Test1,如果参数 b 为奇数,则返回值为 1,否则返回值为 0。

7. 全局变量、模块级变量和过程局部变量能否同名? 如果同名会出现什么情况?

8. 全局过程和局部过程有什么不同?

第 7 章 常用控件

在 Visual Basic 应用程序用户界面设计中,控件是构成用户界面的基本元素,也是构筑人机交互的桥梁。借助于控件,不仅可以获取用户信息的输入,而且可以实现各种信息的输出。合理、恰当地使用各种不同的控件,以及熟练掌握各个控件的属性设置,是进行 Visual Basic 程序设计的基础。在第 2 章中已经介绍了标签、文本框和命令按钮 3 种基本控件,本章将继续介绍 Visual Basic 的其他常用控件的应用。

7.1 图形控件

Visual Basic 具有极强的图形图像处理能力,与图形有关的标准控件有 4 种,即图形框(PictureBox)、图像框(Image)、形状控件(Shape)和直线控件(Line)。图形框和图像框可以显示的图像文件格式有位图文件、图标文件、图元文件、JPEG 格式文件和 GIF 格式文件。形状控件可以在容器类控件中创建矩形、正方形、椭圆形、圆形、圆角矩形或圆角正方形等图形。直线控件主要用来画线条。

7.1.1 图形框、图像框

图形框和图像框是 Visual Basic 中用来显示图片和图像的两种基本控件。

图形框是个容器类控件。在图形框中除了可以显示图片和图像外,也可以利用 Print 方法在图形框中输出文本信息,还可以在图形框中添加其他控件对象。

图像框的主要功能是显示图片和图像,其功能只是图形框功能的一部分,但在显示图形图像时占用更小的内存空间,表现出更快的显示速度。

1. 图形框

图形框的常用属性如下。

1) Picture 属性

Picture 属性设置图形框中显示的图形。在设计阶段可以直接利用属性窗口来设置,在运行阶段可以使用 LoadPicture 函数来加载。

2) Autosize 属性

Autosize 属性决定图形框是否自动改变大小以显示图形的全部内容。当 Autosize 属性设置为 True 时,图形框能自动调整大小与显示的图片匹配;当 Autosize 属性设置为

False 时（默认值），图形框保持大小不变，若加载的图形比图形框大，则超出图形框区域的内容被剪裁掉。

如图 7.1 所示，将左边的 PictureBox 控件的 Autosize 属性设置为 False，PictureBox 控件大小不变，图形只能部分显示，超出图形框范围的图形都被剪裁掉了；右边的 PictureBox 控件的 Autosize 属性设置为 True，PictureBox 控件自动调整为与图片相同大小，图形完全显示。

2. 图像框

图像框的常用属性如下。

1）Picture 属性

Picture 属性设置图像框中显示的图形，用法与图形框的 Picture 属性相同。

2）Stretch 属性

当 Stretch 属性为 False 时（默认值），图像框会随加载的图形的尺寸自动改变大小，使图形完全显示。当 Stretch 属性为 True 时，图像框大小不变，加载到图像框的图形会自动改变尺寸到正好匹配图像框，通过图像框完整地显示出来。

注意：图形框和图像框都可以显示图像，但图形框不一定能完整地显示图像的全部内容，而图像框总能完整地显示出图像的内容。

如图 7.2 所示，将左边的 Image 控件的 Stretch 属性设置为 False，Image 控件自动调整大小与图片的尺寸相同，将图片完全显示；将右边的 Image 控件的 Stretch 属性设置为 True，Image 控件的大小不变，加载的图片自动调整尺寸匹配图像框的大小，完整地显示在图像框中。

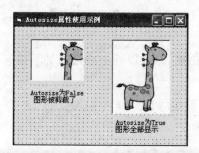

图 7.1 图形框的 Autosize 属性

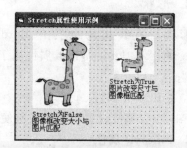

图 7.2 图像框的 Stretch 属性

7.1.2 直线和形状

直线和形状控件是两个最简单的图形控件。它们主要用来在对象（窗体或图形框）上绘制简单图形，如直线、矩形等。它们不支持任何事件，只用于表面装饰。可以在设计时通过属性设置来确定显示某种图形，也可以在程序运行时修改属性以动态显示图形。

1. 直线

直线的常用属性如下：

1) BorderColor 属性

BorderColor 属性设置线条的颜色。

2) BorderStyle 属性

BorderStyle 属性设置线条的线型。

0——TransParent(透明)

1——Solid(实线)

2——Dash(虚线)

3——Dot(点线)

4——Dash-Dot(点划线)

5——Dash-Dot-Dot(双点划线)

6——Inside Solid(内实线)

如图 7.3 所示,当 BorderStyle 属性分别取不同值时,直线分别表现为不同的线型。

3) BorderWidth 属性

BorderWidth 属性指定线条的宽度。

4) X1,Y1 属性

X1,Y1 属性设置线条的起始点。

5) X2,Y2 属性

X2,Y2 属性设置线条的终止点。

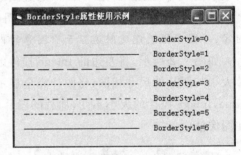

图 7.3 直线的 BorderStyle 属性

2. 形状

形状与直线相同也具有 BorderColor、BorderStyle 和 BorderWidth 属性用于设置形状的边框,除此以外形状还有如下的一些常用属性。

1) FillColor 属性

FillColor 属性设置填充形状所使用的颜色。

2) FillStyle 属性

FillStyle 属性决定了形状控件内部的填充图案。

0——Solid(实心)

1——TransParent(透明,默认值)

2——Horizontal Line(水平线)

3——Vertial Line(垂直线)

4——Upward Diagonal(向上对角线)

5——Downward Diagonal(向下对角线)

6——Cross(交叉线)

7——Diagonal Cross(对角交叉线)

3）Shape 属性

Shape 属性用于设置形状控件的几何形状。

0——Rectangle（矩形，默认值）

1——Square（正方形）

2——Oval（椭圆形）

3——Circle（圆形）

4——Rounded Rectangle（圆角矩形）

5——Rounded Square（圆角正方形）

当形状控件的 Shape 属性和 FillStyle 属性分别取不同值时，效果如图 7.4 所示。

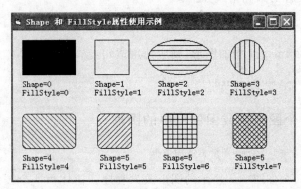

图 7.4　直线的 Shape 和 FillStyle 属性

7.1.3　图形文件的装入

所谓图形文件的装入，就是把 Visual Basic 所能接收的图形文件装入图形框或图像框中。

1. 在设计阶段装入图形文件

1）用属性窗口中的 Picture 属性装入

单击图形框或图像框使其成为活动控件。在属性窗口中找到 Picture 属性，单击该属性条，并单击其右侧的 ... 按钮，打开加载图片对话框。在该对话框中选择需要加载的图形文件后，单击"打开"按钮，所选择图形文件将显示在图形框或图像框中，并在属性窗口中 Picture 属性右侧以"（Bitmap）"方式显示。

若想删除已加载的图形文件，则选中属性窗口中 Picture 属性右侧的"（Bitmap）"，按 Delete 键即可。

2）利用剪贴板装入

打开要装入的图片文件，选择"编辑"菜单中的"复制"命令，将图形复制到剪贴板中，启动 Visual Basic，选中要加载图形的图形框或图像框，选择"编辑"菜单中的"粘贴"命令，剪贴板中的图形即出现在图形框或图像框中。

2. 在运行期间装入图形文件

在运行期间,可以用 LoadPicture 函数把图形文件装入图形框或图像框中。

1) 加载图形文件的语句格式如下:

```
图形框或图像框.Picture=LoadPicture("图形文件名")
```

例如,若要在 PictureBox1 中显示图形 C:\KTYS\Stef.bmp,则应使用语句:

```
PictureBox1.Picture=LoadPicture("C:\KTYS\Stef.bmp")
```

2) 删除图形文件的语句格式如下:

```
图形框或图像框.Picture=LoadPicture("")
```

例如,若要删除 Image1 中的图形,则应使用语句:

```
Image1.Picture=LoadPicture("")
```

3. 装入另一个图形框或图像框中的图形

```
图形框或图像框1.Picture=图形框或图像框2.Picture
```

例7-1 设计一个如图7.5所示的图形放大程序。窗体由4个按钮、1个图形框和1个图像框组成。通过单击按钮控制图片的放大或还原。运行效果如图7.6所示。

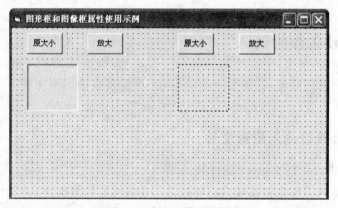

图 7.5 例 7-1 设计界面

当窗体装入时,将图形框和图像框的 Height 和 Width 都设置为1000,并为图形框和图像框都加载图片 D:\kc.jpg,将图形框的 Autosize 属性和图像框的 Stretch 属性都设置为 False。

当单击图形框的“放大”按钮,图形框的高度和宽度都增加100,图形框的 Autosize 属性设置为 True;当单击图形框的“原大小”按钮,图形框的高度和宽度变回1000,并将图形框的 Autosize 属性设置为 False。

当单击图像框的“放大”按钮,图像框的高度和宽度都增加100,图像框的 Stretch 属

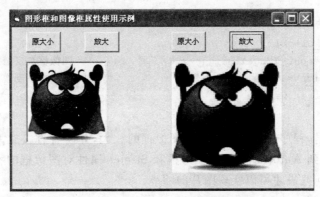

图 7.6　例 7-1 运行界面

性设置为 True；当单击图像框的"原大小"按钮时，图像框的高度和宽度变回 1000，并将图像框的 Stretch 属性设置为 False。

事件过程如下：

```
Sub Form_Load( )
    Picture1.Height=1000
    Picture1.Width=1000
    Image1.Height=1000
    Image1.Width=1000
    Picture1.Picture=LoadPicture("d: \kc.jpg")    '图形框加载图片
    Image1.Picture=LoadPicture("d:\kc.jpg")        '图像框加载图片
    Picture1.AutoSize=False
    Image1.Stretch=False
End Sub

Sub Command1_Click( )
    Picture1.Height=1000
    Picture1.Width=1000
    Picture1.AutoSize=False
End Sub

Sub Command2_Click( )
    Picture1.Height=Picture1.Height+100    '图形框高度增加 100
    Picture1.Width=Picture1.Width+100      '图形框宽度增加 100
    Picture1.AutoSize=True
End Sub

Sub Command3_Click( )
    Image1.Height=1000
    Image1.Width=1000
    Image1.Stretch=False
```

```
End Sub

Sub Command4_Click( )
    Image1.Height=Image1.Height+100            '图像框高度增加 100
    Image1.Width=Image1.Width+100              '图像框宽度增加 100
    Image1.Stretch=True
End Sub
```

需要注意的是,程序只控制图形框和图像框的放大,并没有直接放大图形本身;通过程序,大家可以看到 Autosize 属性对图形框和 Stretch 属性对图像框的不同影响;大家可以思考程序应如何改进才可以实现图片的缩小。

7.2 选 择 控 件

选择控件是 Visual Basic 常用控件中重要的一类,主要包括复选框控件(CheckBox)、单选按钮控件(OptionButton)、列表框控件(ListBox)和组合框控件(ComboBox)。

7.2.1 复选框

复选框也称为复选按钮,主要用于根据需要,在一组可选项中选定其中一项或多项的情况。复选框既可以单个独立使用,也可以成组使用。在一组复选框中,各复选框彼此独立工作互不影响。

1. 复选框的常用属性

1) Caption 属性
Caption 属性用于设置复选框上显示的文本。
2) Value 属性
Value 属性标明复选框是否被选中。
0——Unchecked(未被选定,默认)□
1——Checked(选定)☑
2——Grayed(灰色,禁止选择)☑

2. 复选框的常用事件

复选框的主要事件是 Click,当单击复选框时,它会自动改变状态,即自动修改 Value属性的值。

7.2.2 单选按钮

单选按钮又称为选项按钮,用于从一组选项中选取其一。一组单选按钮是相关且互斥的,即每次只能选择一项,且必须选择一项。如果有一项被选中,则其他单选按钮将自动变成未选中。

1. 单选按钮的常用属性

1) Caption 属性

Caption 属性用于设置单选按钮上显示的文本。

2) Value 属性

Value 属性用于标明单选按钮是否被选中。

True——单选按钮被选中 •

False——单选按钮未被选中(默认) ○

2. 单选按钮的常用事件

单选按钮的主要事件是 Click,当单击单选按钮时,它会自动改变状态,即自动修改 Value 属性的值。

例7-2 设计一个如图 7.7 所示的字体设置程序。窗体由 2 个单选按钮、1 个文本框和 4 个复选框组成,通过单击单选按钮和复选框来实现文本框中字体的设置。其中,"允许设置"复选框用于控制单选按钮和复选框是否可用,若"允许设置"复选框被选中,所有单选按钮和复选框都可用,否则所有单选按钮和复选框都不可用。

事件过程如下:

图 7.7 单选按钮、复选框使用示例

```
Sub Form_Load()
    Option1.Enabled=False
    Option2.Enabled=False
    Check1.Enabled=False
    Check2.Enabled=False
    Check3.Enabled=False
End Sub

Sub Option1_Click()
    Text1.FontName="黑体"
End Sub

Sub Option2_Click()
    Text1.FontName="楷体_GB2312"
End Sub

Sub Check1_Click()
    If Check1.Value=1 Then
        Text1.FontBold=True
    Else
```

```
            Text1.FontBold=False
        End If
    End Sub

    Sub Check2_Click()
        If Check2.Value=1 Then
            Text1.FontItalic=True
        Else
            Text1.FontItalic=False
        End If
    End Sub

    Sub Check3_Click()
        If Check3.Value=1 Then
            Text1.FontUnderline=True
        Else
            Text1.FontUnderline=False
        End If
    End Sub

    Sub Check4_Click()
        If Check4.Value=1 Then
            Option1.Enabled=True
            Option2.Enabled=True
            Check1.Enabled=True
            Check2.Enabled=True
            Check3.Enabled=True
        Else
            Option1.Enabled=False
            Option2.Enabled=False
            Check1.Enabled=False
            Check2.Enabled=False
            Check3.Enabled=False
        End If
    End Sub
```

需要注意的是,单击复选框不一定是选中该复选框,必须要先对复选框的初始状态进行判断,若复选框开始时未被选中,则单击选中该复选框,若复选框开始时已处于选中状态,则单击是取消选中。相对而言,单选按钮则简单得多,单击单选按钮一定是选中该按钮。

7.2.3 列表框

列表框可以显示一个项目列表,供用户从中选择一个或多个项目。在列表框中,如果项目总数超过了可显示的项目数,则系统会自动加上滚动条。列表框的特点是用户只能从其中选择,而不能直接写入和修改其中的内容。图 7.8 是一个有 6 个项目的列表框(默认名称为 List1)。

1. 列表框的常用属性

1) List 属性

List 属性是一个一维数组,数组中元素的值就是列表框的各项内容,属性设置如图 7.8 所示。该数组的下标从 0 开始,数组元素的个数由列表框中的项目数决定。例如图 7.9 中,List1.List(0)为"信电学院",而当前选中项"管理学院"为 List1.List(2)。

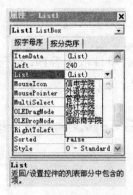

图 7.8 List 属性设置

图 7.9 列表框控件

2) ListIndex 属性

ListIndex 属性是列表框里选中项目的下标,列表框中的项目下标从 0 开始,当没有项目被选中时,ListIndex 的值为 -1。List1.ListIndex 的值为 2。

3) ListCount 属性

ListCount 属性用于标明列表框中所有项目的总数。而列表框中项目下标应为 $0\sim$ ListCount-1。List1.ListCount 的值为 6。

4) Text 属性

Text 属性是列表框中选中项目的内容,其值与 List(ListIndex)的值相同。例如图 7.8 中,List1.Text 的值为"管理学院"。

5) Selected 属性

Selected 属性是一个逻辑数组,各个元素的值为 True 或 False,每个元素与列表框中的一项对应,表示该项是否被选中。List1.Selected(2)的值为 True,其他元素都为 False。

6) Sorted 属性

Sorted 属性用来设置列表框中的项目是否按字母表顺序排序。

True——按字母表顺序排序。

False——按项目加入的先后顺序排序。

7) MultiSelect 属性

MultiSelect 属性确定列表框是否允许多选。

0——不允许多选（默认值）。

1——可以用鼠标单击、按空格键实现简单多选。

2——可以用 Shift 键、Ctrl 键实现扩展多选。

2. 列表框的常用方法

1）AddItem 方法

AddItem 方法用于向列表框中添加项目，且一次只能添加一项。其语法格式如下：

列表框对象.AddItem 项目字符串 [,下标]

其中：

项目字符串：是将要添加到列表框中的项目内容。

下标：决定新增的项目在列表框中的位置，原位置的项目依次后移；若下标省略，则新增的项目添加到列表框的最后。对于第一个项目，下标为 0。

2）RemoveItem 方法

RemoveItem 方法用于删除列表框中指定项的内容，且一次只能删除一项。其语法格式如下：

列表框对象.Remove Item 下标

其中，下标决定要删除的项目在列表框中的位置，指定项目删除后，后面的项目依次前移。

3）Clear 方法

Clear 方法用于清除列表框中所有项目的内容，其语法格式如下：

列表框对象.Clear

3. 列表框的常用事件

列表框的常用事件为 Click 和 DblClick 事件。

例 7-3 设计一个如图 7.10 所示的选课程序。窗体由两个列表框、两个标签、1 个文本框、6 个按钮组成。运行界面如图 7.10 所示，要求：

（1）在窗体装入时，为 List1 添加所有项目。

（2）"添加"按钮，将 Text1 中的内容添加到 List1 的最后，并清空文本框等待下次使用。

（3）"删除"按钮，删除 List1 的选中项。

（4）"修改"按钮，将 List1 的选中内容修改为 Text1 中的内容，并清空文本框等待下次使用。

（5）"清除"按钮，清除 list1 和 list2 中的所有项。

（6）">>"按钮，将 list1 中的选中内容添加到 list2 中，并清除 list1 中的该项内容。

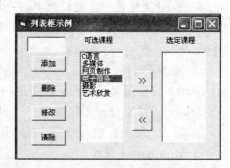

图 7.10　列表框基本操作

(7)"<<"按钮,将 list2 中的选中内容添加到 list1 中,并清除 list2 中的该项内容。

事件过程如下:

```
Sub Form_Load( )
    List1.AddItem "C 语言"
    List1.AddItem "多媒体"
    List1.AddItem "网页制作"
    List1.AddItem "电子商务"
    List1.AddItem "摄影"
    List1.AddItem "艺术欣赏"
End Sub


Sub Command1_Click( )
    List1.AddItem Text1.Text          '添加项目
    Text1.Text=""
End Sub


Sub Command2_Click( )
    List1.RemoveItem List1.ListIndex  '删除项目
End Sub


Sub Command3_Click( )
    List1.List(List1.ListIndex)=Text1.Text  '修改项目
    Text1.Text=""
End Sub


Sub Command4_Click( )
    List1.Clear                       '清除列表框
    List2.Clear
End Sub


Sub Command5_Click( )
    List2.AddItem List1.Text          '移动项目
    List1.RemoveItem List1.ListIndex
End Sub


Sub Command6_Click( )
    List1.AddItem List2.Text          '移动项目
    List2.RemoveItem List2.ListIndex
End Sub
```

7.2.4　组合框

组合框既有文本框的功能又有列表框的功能,是结合了文本框和列表框的特性而形成的一种控件。用户可以从文本框中输入文本,但必须通过 AddItem 方法将文本框的内容添加到列表框中;也可以从列表框中选择列表项,选中的项目会同时在文本框中显示。

组合框的属性、方法和事件与列表框基本相同,参见 7.2.3 节。在此仅列出与列表框不同的常用属性:

(1) Style 属性。

Style 属性决定了组合框 3 种不同的类型,效果如图 7.11 所示。

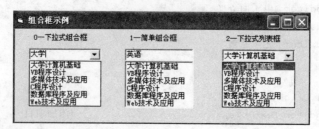

图 7.11　组合框的 3 种类型示意图

0——下拉式组合框。由一个文本框和一个下拉式列表框组成,既可以在文本框中输入,也可以在列表框中选择。

1——简单组合框。由一个文本框和一个列表框组成,既可以在文本框中输入也可以在列表框中选择。

2——下拉式列表框。它与下拉式组合框相似,但只能在列表框中选择,不能在文本框中输入。

(2) 组合框在任何时候都最多只能选择一项,因此 MultiSelect 属性和 Selected 属性在组合框中不可用。

例 7-4　设计一个计算机配置程序,运行窗体如图 7.12 所示,其中品牌组合框为下拉式列表框,CPU 组合框为下拉式组合框。当窗体装入时,将各自的选项内容添加到两个组合框中;单击"配置"按钮,则在列表框(List1)中显示用户所选择的配置;单击"取消"按钮,清空 List1,等待重新配置;单击"关闭"按钮,退出 Visual Basic 程序。

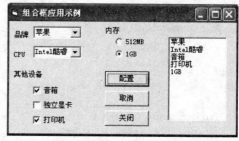

图 7.12　组合框应用示例

事件过程如下:

```
Sub Form_Load()
    Combo1.AddItem "联想"
    Combo1.AddItem "苹果"
    Combo1.AddItem "惠普"
    Combo1.AddItem "戴尔"
    Combo1.AddItem "方正"
    Combo2.AddItem "Intel 奔腾"
    Combo2.AddItem "Intel 赛扬"
```

```
    Combo2.AddItem "Intel 酷睿"
    Combo2.AddItem "AMD 速龙"
    Combo2.AddItem "AMD 羿龙"
End Sub

Sub Command1_Click()
    List1.AddItem Combo1.Text
    List1.AddItem Combo2.Text
    If Check1.Value=1 Then List1.AddItem "音箱"
    If Check2.Value=1 Then List1.AddItem "独立显卡"
    If Check3.Value=1 Then List1.AddItem "打印机"
    If Option1.Value=True Then
        List1.AddItem "512MB"
    Else
        List1.AddItem "1GB"
    End If
End Sub

Sub Command2_Click()
    List1.Clear                          '清除列表框中所有内容
End Sub

Sub Command3_Click()
    End
End Sub
```

7.3　其他控件

除了以上介绍的控件外，Visual Basic 还有许多其他常用控件，本节将主要介绍框架控件(Frame)、滚动条控件(ScrollBar)、进度条控件(ProgressBar)和计时器控件(Timer)。

7.3.1　框架

框架是一个容器类控件，它的作用主要是区分一个控件组，也就是让用户可以很容易地区分窗体中的各个控件的分组，或者将单选按钮分组，不同框架中的控件不会互相影响。框架在实际运用中往往和其他控件一起使用。

1. 框架及框架内控件的创建

首先需要创建 Frame 控件，然后再向 Frame 中添加其他控件，添加控件的方法有以下两种。

（1）单击工具箱中的按钮，将出现"＋"指针，放在框架中的适当位置，并拖曳到适当大小，实现控件的添加。不能使用双击工具箱中按钮的方式来为框架添加控件。

（2）将控件"剪切"到剪贴板，然后选中框架，使用"粘贴"命令将其复制到框架内。

2. 框架的常用属性

框架的常用属性是 Caption 属性，用于设置框架的标题，若该属性值为空，则框架为封闭的矩形。

3. 框架的常用事件

框架常用的事件有 Click 事件和 DblClick 事件。不过在程序设计时很少使用框架事件。

7.3.2 滚动条

滚动条通常用来附在窗口上帮助观察数据或确定位置，也可以作为数据输入的工具。滚动条分为两种，即水平滚动条（HscrollBar）和垂直滚动条（VscrollBar），如图 7.13 所示。

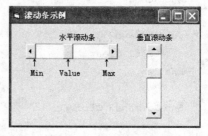

图 7.13　滚动条示例

1. 滚动条的常用属性

1）Max 属性

Max 属性值是滑块处于最大位置时所代表的值（默认值为 32 767）。

2）Min 属性

Min 属性值是滑块处于最小位置时所代表的值（默认值为 0）。

3）Value 属性

Value 属性值是滑块的当前位置的值。Value 属性值是介于 Min 和 Max 之间的整数，默认值为 0。

4）LargeChange 属性

LargeChange 属性是用户单击滚动条的空白处（滑块与两端箭头之间的区域）时，Value 属性所增加或减少的值。

5）SmallChange 属性

SmallChange 属性是用于单击滚动条两端的箭头时，Value 属性所增加或减少的值。

2. 滚动条的常用事件

1）Scroll 事件

当拖动滑块时会触发 Scroll 事件，单击滚动条箭头或滚动条的空白处都不会触发。

2）Change 事件

当 Value 属性值发生改变时（包括拖动滑块、单击滚动条箭头和单击滚动条空白处），会触发 Change 事件。

例 7-5　设计一个如图 7.14 所示的字体格式设置程序。单击单选按钮控制字体选择；使用三个滚动条作为三种基本颜色的输入工具，当改变三个滚动条中任意一个的 Value 值时，合成的颜色作为字体的背景色或前景色显示在文本框中。三个滚动条的 Max、Min、SmallChange、LargeChange 和 Value 的初始值分别设置为 255、0、1、25、0。

事件过程如下：

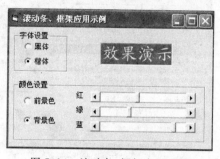

图 7.14　滚动条、框架应用示例

```
Sub Option1_Click()
    Text1.FontName="黑体"
End Sub
Sub Option2_Click()
    Text1.FontName="楷体_GB2312"
End Sub
```

Hscroll2 和 Hscroll3 的事件过程与 Hscroll1 相同：

```
Sub HScroll1_Change()
    If Option3.Value=True Then
        Text1.ForeColor=RGB(HScroll1.Value, HScroll2.Value, HScroll3.Value)
    Else
        Text1.BackColor=RGB(HScroll1.Value, HScroll2.Value, HScroll3.Value)
    End If
End Sub
```

需要注意的是，在使用滚动条控件时，应在设计阶段先设置好滚动条的 Max 属性和 Min 属性，再进行事件过程代码的编写。

7.3.3　进度条

进度条(ProgressBar)控件用于显示一个较长操作完成的进程，通过在进度栏中填充适当的数目的矩形来指示"操作"进程，进程完成后，进度栏填满矩形。进度条控件是 ActiveX 控件，它位于 Microsoft Windows Common Controls 6.0 部件中，如图 7.15 所示，需要加载后才能使用。

进度条的常用属性如下：

1) Orientation 属性

Orientation 属性用于控制进度条的形式，如图 7.16 所示。

0——ccOrientationHorizontal(进度条为水平方向，默认)

1——ccOrientationVertical(进度条为垂直方向)

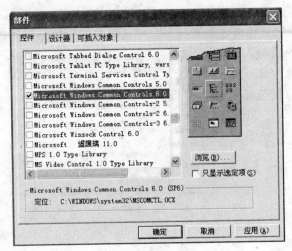

图 7.15 添加进度条控件窗口

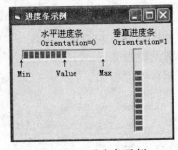

图 7.16 进度条示例

2) Max 属性

Max 属性用于设置进度条的上界限。

3) Min 属性

Min 属性用于设置进度条的下界限。

4) Value 属性

Value 属性用于指定进度条的当前位置。

例 7-6 设计一个如图 7.17 所示的数组赋值程序,为一个 10 000 个元素的数组赋值,要求将所有数组元素都赋值为 1,并用进度条显示赋值的进度。

图 7.17 进度条应用示例

事件过程如下:

```
Sub Command1_Click( )
    Dim a(1 To 10000) As Integer
    Dim i%
    For I=1 To 10000
        a(i)=1
        ProgressBar1.Value=i
    Next i
End Sub
```

需要注意的是,在程序设计过程中,应先设置好进度条的 Max 属性和 Min 属性,再进行事件过程代码的编写。本例中就应在设计阶段先将进度条的 Min 属性设置为 0,Max 属性设置为 10 000。

7.3.4 计时器

计时器(Timer)控件,也称为定时器或时钟,是按一定时间间隔周期性地自动触发

Timer 事件的控件。Visual Basic 通过使用计时器控制程序在一段指定的时间内重复执行一组语句。计时器只在设计时可见，程序运行时自动隐藏，因此，设计时可以把它放在窗体的任意位置。

1. 计时器的常用属性

1) Enabled 属性

Enabled 属性决定了计时器控件是否可用。

True——计时器开始计时（默认）。

False——计时器停止使用。

2) Interval 属性

Interval 属性决定了计时器重复触发 Timer 事件的时间间隔，单位为 ms（毫秒），取值介于 0～64 767ms 之间（默认值为 0），所以最大的 Interval 取值大约为 1min。如果 Interval 设置为 0，计时器不触发 Timer 事件。

计时器触发 Timer 事件的两个前提条件是：Enabled 属性为 True；Interval 属性为非 0。

2. 计时器的常用事件

计时器的常用事件只有一个 Timer 事件，该事件以 Interval 属性指定的时间间隔发生，下一个时间间隔到后，再产生 Timer 事件，循环往复，直至 Enabled 属性为 False 或 Interval 属性为 0 才终止该事件的触发。

例 7-7 设计一个如图 7.18 所示的倒计时程序。首先在文本框中设置定时时间（以分为单位），然后单击"开始"按钮开始倒计时，倒计时时间在标签上显示，时间到了弹出消息框"时间到!"。在设计阶段将计时器的 Enabled 属性设置为 False，Interval 属性设置为 1000。

事件过程如下：

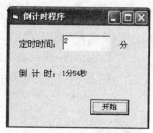

图 7.18　倒计时程序

```
Dim t As Integer
Sub Command1_Click()
    t=Val(Text1.Text) * 60
    Timer1.Enabled=True
End Sub

Sub Timer1_Timer()
    Dim m%, s%
    t=t-1
    m=t\60
    s=t Mod 60
    Label1.Caption=m & "分" & s & "秒"
    If t=0 Then
```

```
        Timer1.Enabled=False
        MsgBox "时间到!"
    End If
End Sub
```

注意：若要使计时器开始计时，必须要将计时器的 Enabled 属性设置为 True，并将 Interval 属性设置为非 0。

例 7-8 设计一个如图 7.19 所示的字幕滚动程序。要求用计时器控件实现字幕的从左向右滚动，当字幕移出窗体的右边界时，从窗体的左边界出现，继续滚动；用滚动条调节和控制字幕滚动的速度。在设计阶段将计时器的 Enabled 属性设置为 False，Interval 属性设置为 1，滚动条的 Max 属性设置为 100，Min 属性和 Value 属性设置为 1。

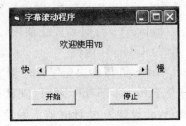

图 7.19 字幕滚动程序

事件过程如下：

```
Sub Command1_Click()
    Timer1.Enabled=True
End Sub
Sub Command2_Click()
    Timer1.Enabled=False
End Sub

Sub HScroll1_Change()
    Timer1.Interval=HScroll1.Value          '滚动条控制时间间隔
End Sub

Sub Timer1_Timer()
    Label1.Left=Label1.Left+10              '字幕向右移动
    If Label1.Left>Form1.Width Then         '判断是否移出窗体右边界
        Label1.Left=0                       '从窗体的左边界出现
    End If
End Sub
```

思考：若要实现字幕从右向左滚动，移出窗体的左边界，从窗体的右边界出现，继续滚动应，应如何编写事件过程代码。若要实现字幕的从上向下滚动、从下向上滚动又应如何？

习　题　7

1. 简述单选按钮和复选框的选择特性及实现选择的方法和步骤。
2. 框架的用途是什么？如何在框架中添加控件？
3. 简述列表框和组合框的共同之处及各自的功能特性。

4. 比较图形框和图像框,简述它们的属性特征和操作特性。

5. 简述计时器和滚动条的功能和用途。

6. 可以通过哪几种方法在图形框或图像框中装入图形?

7. 列表框与组合框的 Style 属性有什么不同?

8. 组合框有几种类型?它们的区别是什么?

9. 在列表框中添加项目有几种方法?列表框中的项目在程序运行过程中能否修改?

10. 计时器控件的事件有几个?事件发生的条件是什么?

11. 滚动条的变化范围若要控制在 10～100 之间,则应设置滚动条的什么属性?

12. 复选框的 Value 属性与单选按钮的 Value 属性有什么区别?

13. 列表框中的项目是否可以同时选择多项?如何选择?

14. 如何清除列表框中指定项的内容?

第 8 章　界面设计

用户界面是应用程序的一个非常重要的组成部分,主要负责用户和应用程序之间的交互。Visual Basic 提供了大量的用户界面设计工具和方法,第 7 章介绍了一些常用控件的使用方法,本章将继续介绍其他几种常用的用户界面设计技术,如菜单、通用对话框、工具栏、多重窗体和多文档应用程序等。

8.1　菜单的设计

8.1.1　菜单的功能和组成

在 Windows 视窗环境下,绝大多数应用程序使用菜单界面进行各种操作。菜单提供了人机对话界面,各种软件一般使用菜单给命令进行分组,以方便使用者选择应用软件的各种功能。

在实际应用中,菜单可分为下拉式菜单和弹出式菜单两种基本类型。下拉式菜单由一个主菜单和若干子菜单组成,弹出式菜单是用户在某个对象上单击右键所弹出的菜单。以记事本应用程序为例,下拉式菜单的组成如图 8.1 所示,弹出式菜单的组成如图 8.2 所示。

图 8.1　下拉式菜单的基本组成

在 Visual Basic 中,不论是下拉式菜单还是弹出式菜单,其中的每个菜单项都是一个控件对象,有属性、事件、方法,但一般只响应一个事件,即 Click 事件。

8.1.2　用菜单编辑器建立下拉菜单

为方便用户进行菜单设计,Visual Basic 提供了"菜单编辑器",用来设计菜单。在

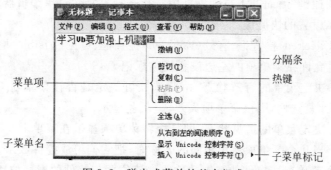

图 8.2　弹出式菜单的基本组成

Visual Basic 的设计状态下,选择"工具"菜单的"菜单编辑器"命令,就可以打开"菜单编辑器"对话框,如图 8.3 所示。

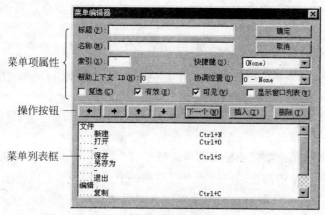

图 8.3　"菜单编辑器"对话框

使用"菜单编辑器"对话框,可以指定菜单的结构,设置菜单项的属性,通过操作按钮,可以指定菜单项的上下顺序和级别。菜单项的常见属性如下:

(1) 标题(Caption)。

标题用于设置应用程序菜单上显示的字符,与 Frame、Command 等控件的 Caption 属性相同。

(2) 名称(Name)。

名称在程序代码中引用菜单项时使用,相当于控件的 Name 属性。也是每个菜单项必须设置的属性。

(3) 热键、快捷键。

热键和快捷键都是通过键盘使用菜单命令的,热键是指使用 Alt 键和菜单项标题中的一个字符来打开菜单项,快捷键是指使用 Ctrl、Shift 等控制键和其他字母的组合键去直接执行相应的菜单项的操作。

建立热键的方法是在菜单标题中需要加热键的字符前面加一个"&"符号,菜单项会在这个字符下面显示下划线,表示该字符是热键字符。建立快捷键的方法是在"菜单编辑器"对话框中"快捷键"后面的下拉列表框中直接选择,关闭"菜单编辑器"对话框后菜单项后面会直接显示设置的快捷键。

(4)复选(Checked)检查框、有效(Enabled)检查框、可见(Visible)检查框。

"复选"项:允许在菜单项的左边设置复选标记。

"有效"项:决定菜单的有效状态,由此选项可决定是否让菜单对 Click 事件做出响应,如果不选择此复选框,则该菜单项失效,呈灰色显示。

"可见"项:决定菜单的可见状态,即是否将菜单项显示在菜单上。

"索引"项:当几个菜单项使用相同的名称时,把它们组成控件数组;可指定一个数字值来确定每一个菜单项在控件数组中的位置。该位置与控件的屏幕位置无关。

"帮助上下文 ID"项:在制作帮助菜单时,允许 ContextID 指定唯一数值。

"协调位置"项:允许选择菜单的 NegotiatePosition 属性。该属性决定是否及如何在容器窗体中显示菜单。

"显示窗口列表"项:决定在使用多文档应用程序时,是否显示一个包含多文档文件子窗口的列表框。

"下一个"按钮:将选定移动到下一行。

"插入"按钮:在列表框的当前选定行上方插入一个菜单项。

"删除"按钮:删除当前选定菜单项。

"菜单列表":该列表框显示菜单项的分级列表。将子菜单项缩进以指出它们的分级位置或等级。

"右箭头":每次单击都把选定的菜单向低移一个等级,一共可以创建 4 个子菜单等级。

"左箭头":每次单击都把选定的菜单向高移一个等级,一共可以创建 4 个子菜单等级。

"上箭头":每次单击都把选定的菜单项在同级菜单内向上移动一个位置。

"下箭头":每次单击都把选定的菜单项在同级菜单内向下移动一个位置。

"确定":关闭菜单编辑器,并对选定的最后一个窗体进行修改。

"取消":关闭菜单编辑器,取消所有修改。

使用菜单编辑器创建下拉菜单非常容易,在图 8.3 所示的菜单编辑器对话框中依次输入标题、名称,设置快捷键,单击"下一个"按钮,最后单击"确定"按钮即可,创建效果如图 8.4 所示。

菜单创建后,要实现菜单功能,还需要相应的事件过程代码。在每个菜单命令上单击,即可生成每个菜单命令的 Click 事件过程,为每个事件过程编写代码来实现菜单命令具有的功能。

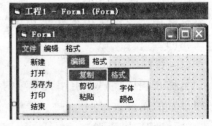

图 8.4 下拉式菜单

8.1.3 创建弹出式菜单

弹出式菜单是独立于窗体菜单栏而显示在窗体内的浮动菜单。显示位置取决于单击右键时指针的位置。设计方法与下拉式菜单相同(如果不希望菜单出现在窗口的顶部,应将该菜单的 Visible 属性设置为 False)。在 Visual Basic 中,使用 PopupMenu 方法来显示弹出式菜单。PopupMenu 方法的语法为:

[对象.] PopupMenu 菜单名,标志参数,x,y

其中,菜单名是必需的,标志参数是可选的,标志参数用于进一步定义弹出式菜单的位置和性能,它可以采用表 8.1 中的值;x,y 参数指定弹出式菜单显示的位置。

表 8.1   用于描述弹出式菜单位置

常 数 位 置	值	描 述
vbPopupMenuLeftAlign	0	默认值。弹出式菜单的左边界定位于 x
vbPopupMenuCenterAlign	4	弹出式菜单以 x 为中心
vbPopupMenuRightAlign	8	弹出式菜单的右边界定位于 x
常 数 行 为	值	描 述
vbPopupMenuLeftButton	0	默认值。仅当使用鼠标左键时,弹出式菜单中的项目才响应鼠标单击
vbPopupMenuRightButton	2	不论使用鼠标右键还是左键,弹出式菜单中的项目都响应鼠标单击

例如,将图 8.4 中的编辑菜单改用弹出式菜单实现,即用鼠标右键单击文本框时弹出编辑菜单的菜单项,应以鼠标指针坐标(x,y)为弹出式菜单的中心。程序代码如下:

```
Private Sub Text1_MouseDown(Button As Integer, Shift As Integer, X As Single, Y As Single)
    If Button=2 Then PopupMenu Edit, vbPopupMenuCenterAlign
End Sub
```

这里,Button=2 表示单击鼠标右键,Edit 为编辑菜单名,vbPopupMenuCenterAlign 指定弹出式菜单的位置。

8.2   通用对话框

通用对话框控件(CommonDialog)是 Windows 提供一组标准的操作对话框来返回信息。用户一共可以在窗体上创建 6 种标准对话框,分别是打开、另存为、颜色、字体、打印和帮助。需要注意的是通用对话框不是标准控件,而是一种 ActiveX 控件,可以在"部件"对话框中通过选中 Microsoft Common Dialog Control 6.0 在工具箱中添加通用对话框控件。

设计状态下,在窗体上绘制的通用对话框控件不能改变大小,运行时通用对话框控件被隐藏,可以通过设置不同 Action 属性值或使用不同的 Show 方法来调出所需类型的对话框。通用对话框只用于用户和应用程序之间进行信息交互,要想实现打开文件、存储文件、设置颜色、设置字体、打印、显示帮助等操作,需要编程来实现。

通用对话框具有以下基本属性和方法。

Action 属性和 Show 方法：通用对话框可以通过 Action 属性打开，也可以通过 Show 方法打开，如表 8.2 所示。

表 8.2　Action 属性和 Show 方法

通用对话框类型	Show 方法	Action 属性
"打开"对话框	ShowOpen	1
"另存为"对话框	ShowSave	2
"颜色"对话框	ShowColor	3
"字体"对话框	ShowFont	4
"打印"对话框	ShowPrinter	5
"帮助"对话框	ShowHelp	6

注意：Action 属性只能在程序中赋值，不能在属性窗口中设置。

DialogTiltle：通用对话框标题属性，该属性用于设置对话框的标题。

CancelError 属性：该属性决定用户单击"取消"按钮时是否产生错误信息，其值的含义是：

- True：选择"取消"按钮，出现错误警告；自动将错误标志 Err 的 Err. Number 置为 32755(cdCancel)，供程序判断。
- False(默认)：选择"取消"按钮，没有错误警告。

注意：通用对话框的属性不仅能在属性窗口中设置，也可以右击通用对话框控件，在"属性页"对话框中设置，如图 8.5 所示。

图 8.5　"属性页"对话框

不同对话框有各自的属性：

(1)"打开"对话框

FileName：文件名称属性，表示用户所要打开文件的文件名，包含路径。

FileTitle：文件标题属性，表示用户所要打开文件的文件名，不包含路径。

Filter：过滤器属性，用于确定文件列表框中所显示文件的类型。

FilterIndex：过滤器索引属性，整型，表示用户在文件类型列表框中选定了第几组类型的文件。

InitDir：初始化路径属性，用来指定"打开"对话框中的初始目录。

(2)"另存为"对话框

Default-Ext：表示保存文件时默认的扩展名。

（3）"颜色"对话框

Color：返回或设置选定的颜色。

（4）"字体"对话框

Flags：在显示"字体"对话框之前必须设置 Flags 属性，否则将发生不存在字体的错误提示。Flags 属性如表 8.3 所示的常数或值。常数 cdlCFEffects 不能单独使用，应该与其他常数一起进行 Or 运算使用，因为它的作用仅仅是在对话框中附加删除线和下划线复选框以及颜色组合框。

表 8.3 "字体"对话框 **Flags** 属性设置值

常　　数	值	说　　明
cdlCFScreenFonts	&H1	显示屏幕字体
cdlCFPrinterFonts	&H2	显示打印机字体
cdlBoth	&H3	显示打印机字体和屏幕字体
cdlCFEffects	&H100	在字体对话框显示删除线和下划线复选框以及颜色组合框

FontName、FontSize、FontBold、FontItalic、FontStrikethru、FontUnderline：字体效果属性。

Color：字体颜色属性。

（5）"打印"对话框

Copies：打印份数属性。

FromPage：打印起始页码。

ToPage：打印终止页码。

（6）"帮助"对话框

HelpCommand：在线 Help 帮助类型。

HelpFile：Help 文件的路径及其名称。

HelpKey：在帮助窗口显示由该帮助关键字指定的帮助信息。

例 8-1　创建一个文本编辑器，菜单结构如表 8.4 所示。通过加载通用对话框，编写相应的代码实现 Windows 中记事本的部分功能，程序运行界面如图 8.6 所示。

表 8.4　文件编辑器菜单结构

标　　题	名　　称	标　　题	名　　称
文件	File	编辑	Edit
……新建	cmdNew	……复制	cmdCopy
……打开	cmdOpen	……剪切	cmdCut
……另存为	cmdSaveas	……粘贴	cmdPaste
……打印	cmdPrint	格式	Formate
……退出	cmdQuit	……字体	CmdFont
		……颜色	cmdColor

① 建立控件

在窗体上放置一个文本框和一个通用对话框，并进行属性设置。

② 设计菜单

在"菜单编辑器"中输入表 8.4 中的内容。

③ 程序代码

菜单建立后，还需要相应的事件过程。"编辑"菜单中各菜单项的事件过程可参看第 2 章的内容，"文件"和"格式"菜单中除"新建"之外的所有菜单项的事件过程如下：

图 8.6　通用对话框、菜单程序运行界面

```vb
Private Sub cmdOpen_Click()
    CommonDialog1.CancelError=True
    On Error GoTo nofile
    CommonDialog1.ShowOpen
    Text1.Text=""
    Open CommonDialog1.FileName For Input As #1
    Do While Not EOF(1)
        Line Input #1, inputdata
        Text1.Text=Text1+inputdata+vbCrLf
    Loop
    Close #1
    Exit Sub
nofile:
    If Err.Number=32755 Then
      MsgBox "按"取消"按钮"
    Else
      MsgBox "其他错误"
    End If
End Sub


Private Sub cmdSaveas_Click()
    On Error Resume Next
    CommonDialog1.ShowSave
    Open CommonDialog1.FileName For Output As #1
    Print #1, Text1
    Close #1
End Sub


Private Sub cmdPrint_Click()
    On Error Resume Next
    CommonDialog1.Action=5
    For i=1 To CommonDialog1.Copies
    Printer.Print Text1.Text
```

```
        Next i
        Printer.EndDoc
End Sub

Private Sub cmdQuit_Click()
        End
End Sub

Private Sub cmdColor_Click()
        On Error Resume Next
        CommonDialog1.ShowColor
        Text1.ForeColor=CommonDialog1.Color
End Sub

Private Sub cmdFont_Click()
        On Error Resume Next
        CommonDialog1.Flags=cdlCFBoth Or cdlCFEffects
        CommonDialog1.ShowFont
        If CommonDialog1.FontName <>"" Then Text1.FontName=CommonDialog1.FontName
        Text1.FontSize=CommonDialog1.FontSize
        Text1.FontBold=CommonDialog1.FontBold
        Text1.FontItalic=CommonDialog1.FontItalic
        Text1.FontStrikethru=CommonDialog1.FontStrikethru
        Text1.FontUnderline=CommonDialog1.FontUnderline
End Sub
```

8.3 工具栏的设计

工具栏为用户提供了应用程序中最常用的菜单命令的快速访问方法,现在已经成为Windows 应用程序的标准功能部件。工具栏制作有两种方法:一是手工制作,即利用图形框和命令按钮,这种方法比较烦琐;另一种方法是将 ToolBar、ImageList 组合使用,使得工具栏制作与菜单制作一样简单易学。

这两个控件不是标准控件,使用前必须打开"部件"对话框,选择 Microsoft Windows Common Controls 6.0,将控件添加到工具箱,如图 8.7 所示。

创建工具栏的步骤如下:

(1) 在 ImageList 控件中添加所需要的图像。

(2) 在 ToolBar 控件中创建 Button 对象。

(3) 在 ButtonClick 事件中用 Select Case 语句对各按钮进行相应的编程。

ToolBar控件 ——

ImageList控件 ——

图 8.7 工具箱

8.3.1 在 ImageList 控件中添加图像

几乎所有的 Windows 应用程序的工具栏按钮都是显示图像的,要添加这些图像需要借助 ImageList 控件。该控件不能独立使用,只能作为一个向其他控件提供图像的图像库。如工具栏控件(Toolbar)中的图像就是从 ImageList 控件中获取的。

在窗体上增加 ImageList 控件后,选中该控件,默认名为 Imagelist1,单击右键,从弹出的快捷菜单中选择"属性",然后在"属性页"对话框选择"图像"选项卡。单击"插入图片"按钮,插入你想要的图片即可。如图 8.8 所示,图片可以在 C:\Program Files\Microsoft Visual Studio\COMMON\Graphics\Bitmaps\下的文件夹中进行选择。在本例中,插入了 12 幅图片,使用添加图片的顺序作为图片索引属性值,每幅图像的属性如表 8.5 所示。

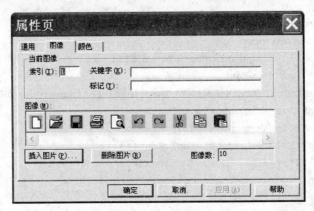

图 8.8　ImageList"图像"选项卡

表 8.5　ImageList1 控件与 ToolBar1 控件按钮连接关系

ImageList 控件属性			ToolBar1 控件按钮属性				
索引 Index	关键字 Key	图像 Bmp	索引 Index	关键字 Key	样式 Style	工具提示文本 ToolTipText	图像 Image
1	INew	new	1	TNew	0	新建	1
2	IOpen	open	2	TOpen	0	打开	2
3	ISave	save	3	TSave	0	保存	3
4	IPrint	print	4	SP1	3	说明:分隔线	
5	IPreview	Preview	5	TPrint	0	打印	IPrint
6	IUndo	undo	6	Tpreview	0	打印预览	IPreview
7	IRedo	redo	7	SP2	3	说明:分隔线	
8	ICut	cut	8	TUndo	0	撤销	6
9	ICopy	copy	9	TRedo	0	恢复	7
10	IPaste	paste	12	SP3	3	说明:分隔线	
			5	TCut	0	剪切	ICut
			6	TCopy	0	复制	ICopy
			7	TPaste	0	粘贴	IPaste

其中：

"索引(Index)"表示每个图像的编号,在 ToolBar 的按钮中引用。

"关键字(Key)"表示每个图像的标识名,在 ToolBar 的按钮中引用。

"索引"和"关键字"(可选)属性用来标识每张图片。使用"关键字"属性一般比使用"索引"要好,因为当插入或删除图片时,索引会发生改变而关键字不会改变。

"图像数"表示已插入的图像数目。

"插入图片"按钮,插入新图像,图像文件的扩展名为 ico、bmp、gif、jpg 等。

"删除图片"按钮,用于删除选中的图像。

8.3.2 用 ToolBar 控件创建工具栏

1. 设置 ToolBar 控件属性

添加 Toolbar 控件到窗体上后,其将自动显示在窗体的最上方,且位置不可移动,如该窗体上还有菜单,其将自动添加一条分隔线。在 Toolbar 控件上右击,选择"属性",打开"属性页"对话框,设置属性。其中:

(1)"通用"选项卡

"图像列表":与 ImageList 控件建立连接,此处选择 ImageList1。

"样式"用于设置工具栏的风格。0-tbrStandard 表示采用标准风格;1-tbrFlat 表示采用平面风格。选择平面风格时,按钮显示为平面,分隔线显示为短竖线,是大部分 Windows 应用程序使用的风格。

(2)"按钮"选项卡

单击"插入按钮"可以在工具栏中插入按钮(Button)对象。主要属性有:

"索引(Index)":每个按钮的数字编号,在 ButtonClick 事件中引用。

"关键字(Key)":表示每个按钮的标识名,在 ButtonClick 事件中引用。

"图像(Image)":选定 ImageList 对象中的某一幅图像,可以用图像的 Index 或 Key 值。

"样式(Style)":指定按钮样式,共 5 种。含义如表 8.6 所示。

表 8.6　样式参数说明

值	常　　数	按　钮	说　　　　明
0	tbrdefault	普通按钮	按下按钮后恢复原状,如"新建"按钮
1	tbrcheck	开关按钮	按下按钮后保持按下状态,如"加粗"等按钮
2	tbrbuttongroup	编组按钮	在一组按钮中只能有一个有效,如对齐方式按钮
3	tbrsepatator	分隔按钮	将左右按钮分隔开
4	tbrplaceholder	占位按钮	用来安放其他控件,可以设置其宽度
5	tbrdropdown	菜单按钮	具有下拉菜单,如 Word 中的"字符缩放"按钮

"值(Value)":表示按钮的状态,有按下(tbrPressed)和没按下(tbrUnpressed)两种状态,对样式 1 和样式 2 有用,可以在程序中进行设置。

"通用"选项卡设置情况如图 8.9 所示,"按钮"选项卡设置情况如图 8.10 所示。

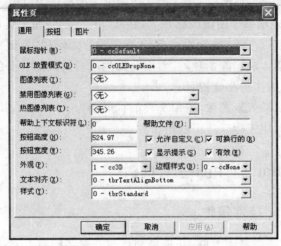

图 8.9　ToolBar"通用"选项卡

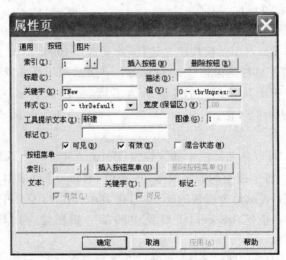

图 8.10　ToolBar"按钮"选项卡

按照表 8.5 建立的工具栏的效果如图 8.11 所示。

2. 响应 ToolBar 控件事件

ToolBar 控件常用的事件有两个：ButtonClick 和 ButtonMenuClick。前者对应样式为 0～2 的菜单按钮,后者对应样式为 5 的菜单按钮。

图 8.11　设计的工具栏效果

实际上,工具栏中的按钮是控件数组,单击工具栏中的按钮会发生 ButtonClick 事件或 ButtonMenuClick 事件,可以利用每个按钮的索引(Index 属性)或关键字(Key 属性)来识别被单击的按钮,再利用 Select Case 语句来完成代码编制。现以 ButtonClick 事件为例进行介绍。

（1）用索引标识按钮

图 8.9 中部分工具栏按钮的程序为：

```
Private Sub Toolbar1_ButtonClick(ByVal Button As MSComctlLib.Button)
Select Case Button.Index
Case 1
    FileNewProc         '单击"新建"按钮,执行新建过程,该过程在标准模块内定义
Case 2
    FileOpenProc        '单击"打开"按钮,执行打开过程
    ...
End Select
End Sub
```

（2）用关键字标识按钮

```
Private Sub Toolbar1_ButtonClick(ByVal Button As MSComctlLib.Button)
Select Case Button.Key
Case TNew
    FileNewProc         '单击"新建"按钮,执行新建过程,该过程在标准模块内定义
Case TOpen
    FileOpenProc        '单击"打开"按钮,执行打开过程
...
End Select
End Sub
```

使用关键字程序可读性更好,而且当按钮发生增、删时,使用关键字不影响程序。ButtonMenuClick 事件在此不作介绍,有兴趣者请参阅相关资料。

8.4 多重窗体与多文档界面的设计

迄今为止,创建的 Visual Basic 应用程序都是只有一个窗体的简单程序。在实际应用中,尤其是对于比较复杂的应用程序,一个窗体难以满足需要,必须通过多个窗体来实现,这就是多重窗体。在多重窗体中,每个窗体都有自己的界面和程序代码,分别完成不同的功能。

8.4.1 建立多重窗体程序

创建 Visual Basic 应用程序时默认只有一个窗体,选择"工程"菜单中的"添加窗体"命令,可以添加一个新的窗体,或者可以将一个属于其他工程中的窗体添加到当前工程中。

8.4.2　多重窗体程序的执行与保存

1. 指定启动窗体

在默认情况下,程序开始运行时,首先见到的是窗体 Form1,这是因为 Form1 为系统默认的启动对象,如图 8.12 所示。若要设置其他窗体或子过程为启动对象,应选择"工程"菜单中的"属性"命令。

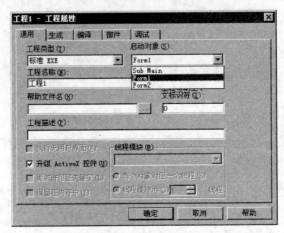

图 8.12　"工程属性"对话框

运行程序,首先加载和显示的是启动窗体,通过启动窗体上的事件过程加载和显示其他窗体。

2. 多窗体程序的保存

1) 保存多窗体程序

一个工程中有多个窗体,应分别取不同文件名保存在磁盘上,vbp 工程文件中记录了该工程的所有窗体文件名。

2) 装入多窗体程序

与多重窗体程序设计有关的语句和方法如下:

(1) Load 语句格式:

Load 窗体名称

该语句把一个窗体装入内存。执行 Load 语句后,可以应用窗体中的控件及各种属性,但此时窗体没有显示出来。在首次执行 Load 语句后,依次触发 Initialize 和 Load 事件。

(2) Unload 语句格式:

Unload 窗体名称

该语句和 Load 语句的功能相反,它指从内存中删除指定的窗体。常用的方法是 Unload Me,表示关闭自身窗体,一般会激发 Unload 事件。

（3）Show 方法格式:

`[窗体名称.]Show[模式]`

该方法用来显示一个窗体,它兼有加载和显示窗体两种功能。其中模式有两种状态,有 0 和 1 两个值,0 表示窗体是非模式型,可以对其他窗口进行操作;1 表示窗体是模式型,只有关闭该窗体才能对其他窗口进行操作。当窗体成为活动窗口后,会触发窗体的 Activate 事件。

（4）Hide 方法格式:

`[窗体名称.]Hide`

该方法用来将窗体暂时隐藏起来,但并没有从内存中删除。

3. 多窗体程序的数据存取

在多重窗体中,不同窗体之间的数据可以相互访问,多个窗体之间数据的访问有两种方法:

（1）用一个窗体直接去访问其他窗体上的数据,如全局变量和控件属性。

形式如下:

`其他窗体名.控件名.属性`
`其他窗体名.全局变量名`

例如,假设当前窗体为 Form1,可以将 Form2 窗体上的 Text2 文本框中的数据直接赋值给 Form1 窗体上的 Text1 文本框,实现语句如下:

`Form1.Text1.Text=Form2.Text2.Text`

例如,假设当前窗体为 Form1,可以将 Form2 窗体上的变量 sum 的数据直接赋值给 Form1 窗体上的 Text1 文本框,实现语句如下:

`Form1.Text1.Text=Form2.sum`

（2）在模块上定义公共变量,实现相互访问。

为了实现窗体间数据的访问,一个有效的方法是添加标准模块,在模块中定义公共变量,作为交换数据的场所。例如,添加标准模块 Module1,然后在其中定义如下的变量:

`Public a As Integer`

在 Form1 和 Form2 窗体中都可以直接使用该变量 a,实现语句如下:

`Form1.Text1.Text=a`
`Form2.Text2.Text=a`

运行程序后,两个窗体的文本框中的数据相同,都是变量 a 的值。

例8-2 多重窗体应用程序实例。随机生成 3 位学生四门课程成绩,计算每位学生的总分、平均分,并统计数学成绩最高的同学。程序运行界面如图 8.13 所示。

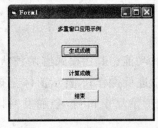
(a) 主窗体

(b) 生成成绩窗体

(c) 显示结果窗体

图 8.13　多重窗体程序运行界面

界面设计:

Form1 窗体:在图 8.13(a)中,添加标签和命令按钮对象,设置 Caption 属性。

Form2 窗体:在图 8.13(b)中,添加标签、命令按钮和图形框对象,设置标签和命令按钮的 Caption 属性。

Form3 窗体:在图 8.13(c)中,添加标签、命令按钮和文本框、复选框对象,设置标签和命令按钮的 Caption 属性。

添加标准模块,声明使用的全局变量,用来存储生成的 3 名同学的四门课成绩:

```
Public a(1 To 4) As Integer, b(1 To 4) As Integer, c(1 To 4) As Integer
```

程序运行代码:

Form1 窗体代码:

```
Private Sub Command1_Click()
    Form1.Hide        '隐含主窗体
    Form2.Show        '显示 Form2 窗体
End Sub


Private Sub Command2_Click()
    Form1.Hide        '隐含主窗体
    Form3.Show        '显示 Form2 窗体
End Sub


Private Sub Command3_Click()
    End
End Sub
```

Form2 窗体代码:

```
Private Sub cmdReturn_Click()
    Form2.Hide
    Form1.Show
```

Visual Basic 程序设计教程

```
End Sub

Private Sub Form_Activate()
  Randomize
  For i=1 To 4
    a(i)=Int(Rnd * 30+71)
    Picture1.Print a(i)
    Picture1.Print
  Next i
  For i=1 To 4
    b(i)=Int(Rnd * 30+71)
    Picture2.Print b(i)
    Picture2.Print
  Next i
  For i=1 To 4
    c(i)=Int(Rnd * 30+71)
    Picture3.Print c(i)
    Picture3.Print
  Next i
End Sub
```

Form3 窗体代码：

```
Private Sub cmdReturn_Click()
    Form3.Hide
    Form1.Show
End Sub

Private Sub Form_Activate()
Dim sum1, sum2, sum3
  For i=1 To 4
     Sum1=sum1+a(i)
   Next i
  For i=1 To 4
     sum2=sum2+b(i)
   Next i
  For i=1 To 4
     sum3=sum3+c(i)
  Next i
Text1=sum1
Text2=sum2
Text3=sum3
Text4=sum1/4
Text5=sum2/4
Text6=sum3/4
```

```
Dim t
t=IIf(a(1)>b(1), a(1), b(1))
t=IIf(c(1)>t, c(1), t)
If t=a(1) Then Check1.Value=1
If t=b(1) Then Check2.Value=1
If t=c(1) Then Check3.Value=1
End Sub
```

8.4.3 MDI 窗体

多文档界面(MDI)是指，一个应用程序的界面由一个父窗口(或称 MDI 窗口)和若干子窗口组成。子窗口(或称文档窗口)显示各自的文档，所有子窗口具有相同的功能。当该父窗口最小化或关闭时，它所包含的所有子窗口都最小化或关闭。最小化时只有父窗口的图标显示在任务栏中。

一个应用程序可以包含许多相似或者不同样式的 MDI 子窗体。在运行时，子窗体显示在 MDI 父窗体工作空间之内(其区域在父窗体边框以内及标题与菜单栏之下)。当子窗体最小化时，它的图标显示在 MDI 窗体的工作空间之内，而不是在任务栏中。

我们经常用到的 Microsoft Access 就是典型的 MDI 应用程序，如图 8.14 所示。

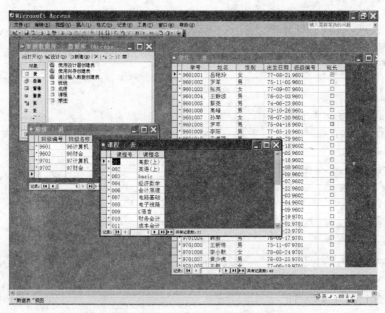

图 8.14　Access MDI 界面

1. 创建 MDI 窗体及其子窗体

开发多文档界面的一个应用程序至少需要两个窗体：一个(只能一个)MDI 窗体和一

———————— Visual Basic 程序设计教程

个（或若干个）子窗体。在不同窗体中共用的过程、变量应存放在标准模块中。

MDI 窗体是子窗体的容器，所以该窗体中一般有菜单栏、工具栏、状态栏，不可以有文本框等控件。

选择"工程"菜单中的"添加 MDI 窗体"命令，打开如图 8.15 所示的窗口。

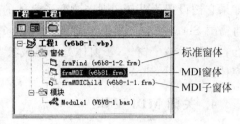

图 8.15　MDI 窗体

注意：一个应用程序只能有一个 MDI 窗体。如果工程已经有了一个 MDI 窗体，则该"工程"菜单中的"添加 MDI 窗体"命令就不可使用。

MDI 子窗体是一个 MDIChild 属性为 True 的普通窗体。因此，要创建一个 MDI 子窗体，应先创建一个新的普通窗体，然后将它的 MDIChild 属性设置为 True 即可。在工程管理器窗口可以看到，子窗体的图标与普通窗体的图标不同。若要建立多个子窗体，则重复进行上述操作。

2. MDI 窗体与子窗体的交互

当程序运行时建立了一子窗体的许多实例（副本）来存取多个文档时，它们具有相同的属性和代码，如何操作特定的窗体和特定的控件、保持各自的状态信息，这对程序员来说是一个非常重要的问题。

在 Visual Basic 中，提供了访问 MDI 窗体的两个属性，即 ActiveForm 和 ActiveControl，前者表示具有焦点的或者最后被激活的子窗体，后者表示活动子窗体上具有焦点的控件。

例如，假设想从子窗体的文本框中把所选文本复制到剪贴板中，在应用程序的"编辑"菜单上有一个"复制"命令，它的 Click 事件将会调用 CopyProc，把选定的文本复制到剪贴板中，过程如下：

```
Sub CopyProc()
ClipBoard.SetText=frmMDI.ActiveForm.ActiveControl.SelText
End Sub
```

注意：当访问 ActiveForm 属性时，至少应有一个 MDI 子窗体被加载或可见，否则会返回一个错误。

在代码中指定当前窗体的另一种方法是用 Me 关键字。用 Me 关键字来引用当前其代码正在运行的窗体。当需要把当前窗体实例的引用参数传递给过程时，这个关键字很有用。例如要关闭当前窗口，其语句为 UnLoad Me。

3. 显示 MDI 窗体及其子窗体

显示 MDI 窗体及其子窗体的方法是 Show。

加载子窗体时，其父窗体（MDI 窗体）会自动加载并显示。而加载 MDI 窗体时，其子窗体并不会自动加载。MDI 窗体有 AutoShowChildren 属性,决定是否自动显示子窗体。如果它被设置为 True,则当改变子窗体的属性(如 Caption 等)后,会自动显示子窗体,不再需要 Show 方法:如果设置 AutoshowChildren 为 False,则改变子窗体的属性值后,不会自动显示该子窗体,子窗体处于隐藏状态直至用 Show 方法把它们显示出来。MDI 子窗体没有 AutoShowChildren 属性。

4. 关闭 MDI 窗体

和普通窗体一样,关闭 MDI 窗体的代码如下:

```
UnloadMDI 窗体名
```



```
Unload Me
```

系统在执行该代码后,将触发 QueryUnload 事件,若需要保存相关信息及其他处理,可在该事件代码中完成。然后卸载各子窗体,最后卸载 MDI 窗体。

习　题　8

1. 对话框控件可以显示几种对话框界面? 分别用哪种方法或属性来完成?
2. 通用对话框的标题用哪个属性进行设置?
3. 文件操作对话框中用哪个属性进行文件类型过滤?
4. 字体对话框中,Flags 属性起何作用?
5. 菜单名与菜单项有何区别? 热键与快捷键有何区别?
6. 弹出菜单用何种方法?
7. 简述窗体之间的数据如何互访才能实现。
8. ToolBar 与 ImageList 的作用分别是什么? 如何使它们连接?
9. 简述制作菜单的过程。
10. 简述制作工具栏的过程。

 **章 文件操作**

程序设计中,如果数据以变量、数组或自定义类型的形式进行存储,应用程序退出后,变量或数组会释放在内存中所占用的存储空间,数据不能长期保存,不便于以后的重复使用。若想长期保存,需要将数据以文件或数据库的形式保存在磁盘中,因此对数据文件和数据库的操作显得尤为重要。Visual Basic 具有较强的文件处理能力,同时又提供了用于文件管理的有关语句、函数,帮助用户方便地直接读写文件和访问文件系统。

本章主要介绍了对数据文件的操作,包括文件的结构与分类,如何对顺序文件、随机文件进行读写以及常用的对文件进行操作的函数。对数据库的操作将在第 10 章中进行介绍。

9.1 文件的结构与分类

9.1.1 文件的结构

文件是存储在外部存储介质(如磁盘、光盘、移动硬盘、优盘等)上的以文件名标识的数据的集合。20 世纪 70 年代以前,数据库技术没有大量应用和普及,计算机处理的大量数据都是以文件的形式组织存放的,所有的文件都以文件名来标示。计算机如果想读取存放在外部存储介质上的文件,必须先按文件名找到所指定的文件,然后再从该文件中读取数据;要想向外部存储介质写入数据,也必须先建立一个以文件名标识的文件或按已存在的文件名找到所指定的文件,然后才能向它输入数据。

文件是由数据记录组成的。记录是计算机处理数据的基本单位,它由一组具有共同属性相互关联的数据项组成,如表 9.1 所示。

表 9.1 记录的形式

学 号	姓 名	计算机成绩	高数成绩	英语成绩	总分
0909007	王东	90	87	90	267

表 9.1 共含有"学号"、"姓名"、"总分"等 5 个数据项,这 5 个数据项构成了一条记录,每个数据项所对应的"0909007"、"王东"、"267"等是数据项的属性值,这些属性值放在一起组成了一条记录,多条记录放在一起,存储在文件中。

9.1.2 文件的分类

在计算机系统中,文件的种类繁多,处理方法和用途也就各不相同,一般分类标准有下列三种:

1. 按文件的内容分

按文件的内容分,可分为程序文件和数据文件。

程序文件存储的是程序,包括源程序和可执行程序,如 Visual Basic 工程中的窗体文件(.frm)、C++ 源程序文件(.cpp)、可执行程序文件(.exe)等。数据文件存储的是程序运行所需要的各种数据,如文本文件(.txt)、Word 文档(.doc)、Excel 工作簿(.xls)等。

2. 按存储信息的形式分

按存储信息的形式分,可以分为 ASCII 文件和二进制文件。

ASCII 存储的是各种数据的 ASCII 码,二进制文件存储的是各种数据的二进制代码。例如,整数 321,以 ASCII 码和二进制代码存储形式如图 9.1 所示。

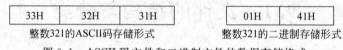

图 9.1　ASCII 码文件和二进制文件的数据存储格式

3. 按访问模式分

按访问模式分,可以分为顺序文件、随机文件和二进制文件。

1) 顺序文件

顺序文件(Sequential File)要求按顺序进行访问。文件中的数据是按顺序组织的文本行,一般是每行一条记录(如果多条记录放在一行上,一般会以"换行"字符为分隔符),每行(即一个记录)的长度可以变化,用"换行"字符作为分隔符号。在顺序文件中,只知道第一个记录的存放位置,其他的记录无从知晓。当要查找某项数据时,只能从文件的开头的第一个记录顺序查找,直到找到所需记录为止。顺序文件的存储形式如图 9.2 所示。

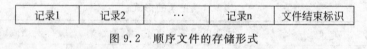

图 9.2　顺序文件的存储形式

在 Visual Basic 中,顺序文件就是文本文件,因为所有类型的数据写入顺序文件前都被转换为 ASCII 码字符,每个字符都以一个字节的形式存储,并且可以用 Windows 记事本来浏览、编辑和创建。

顺序文件的优点是文件结构简单,且容易使用;缺点是如果要修改数据,必须将所有数据读入到计算机内存中进行修改,然后再将修改后的数据重新写入磁盘。由于无法灵活地任意存取,它只适用于有规律的、不经常修改的数据,如文本文件。

2）随机文件

随机文件（Random Access File）是可以按任意次序读写的文件，其中每个记录的长度必须相同，记录与记录之间不需要特殊的分隔符号，每个记录都有其唯一的一个记录号，所以在读取数据时，只要知道记录号，便可以直接读取记录。与顺序文件相比，随机文件中数据的存取灵活、方便，速度快，但是占用的空间大，数据组织复杂。随机文件的存储形式如图 9.3 所示。

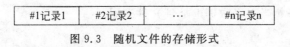

| #1记录1 | #2记录2 | ... | #n记录n |

图 9.3　随机文件的存储形式

3）二进制文件

二进制文件（Binary File）按访问模式分类和按信息存储形式分类是有区别的。从信息存储形式的角度讲，随机文件也属于二进制文件，因为随机文件存储的也是各种数据的 ASCII 码。从访问模式角度讲，二进制文件是最原始的文件类型，由字节组成，没有固定格式，以字节为单位来定位数据，允许程序按所需要的任何方式组织和访问数据，对文件中的各个字节数据进行存取访问和改变，任何形式的文件都可以使用二进制模式进行访问。因此，这类文件的灵活性最大，但程序的工作量也最大。

9.2　顺　序　文　件

在 Visual Basic 中，对于文件的处理主要分为三步：文件打开、文件操作和文件关闭。文件打开主要是为文件在内存中开辟一块区域，这块区域就是文件缓冲区[①]；同时为文件缓冲区编号，这个编号就是文件号，代表文件参与所有操作，一般由程序指定，或使用函数 FreeFile 自动获得。文件操作主要有读操作和写操作两类，读操作（输入）即将数据从文件输入到变量；写操作（输出）将数据从变量输出到文件。文件关闭是非常重要的，否则数据放在缓冲区中未加保存将丢失。

9.2.1　顺序文件的打开与关闭

1. 打开文件

在对文件进行操作之前，必须先打开文件，同时通知操作系统对文件所进行的操作是读出数据还是写入数据。打开文件的语句是 Open，常用形式如下：

```
Open Filename For [Input|Output|Append] [Lock] As file number [Len=Buffer size]
```

---

①　文件缓冲区是内存中的一块区域，专门用于暂存从文件读出或写入文件的数据。当从文件读出数据时，该数据先进入缓冲区，缓冲区装满时，再一次性地将所有数据存入指定的变量；当要向文件写入数据时，该数据也是先进入缓冲区，当缓冲区已满时再一次性地将所有数据一次性地写入文件。这样做的好处是缓解快速的 CPU 与慢速的输入/输出之间的矛盾。

简写为

```
Open  文件名  [For 模式]  As  #文件号 [Len=记录长度](中括号内容可以省略)
```

1）模式

模式主要有读、写、追加三种。

Output：输出；相当于写文件。

Input：输入；相当于读文件。

Append：添加；相当于将数据追加到文件末尾。

2）文件号

"文件号"是一个 1～255 的整数，用于表示这个文件。可以用 FreeFile 函数获得下一个可利用的文件号。

3）记录长度

记录长度也叫文件长度，是小于或等于 32 767 的整数，对于顺序文件来说，它指定缓冲区分配的字符个数，对于随机文件来说，它是文件中记录的长度。

例如，分别打开 C：\TEMP 目录下的文件名为 A. TXT、B. TXT、C. TXT 的文件进行读操作，写操作和追加操作，指定文件号为 #1、#2、#3，则语句分别为：

```
Open "C: \TEMP\A.TXT" FOR Input AS #1
Open "C: \TEMP\B.TXT" FOR Output AS #2
Open "C: \TEMP\C.TXT" FOR Append AS #3
```

若要使用 FreeFile 函数获得文件号，则语句应为：

```
Fileno=FreeFile()
Open "C: \TEMP\A.TXT" FOR Input AS Fileno
```

2. 关闭文件

当结束各种读写操作后，还必须将文件关闭，否则会造成数据丢失。因为数据操作时保存在缓冲区中，并未写入文件。关闭文件的语句是 Close，形式如下：

```
Close [filenumberlist]
```

其中：filenumberlist 是可选项，为文件号列表，如 #1，#2，#3，如果省略，则关闭 Open 语句打开的所有活动文件。

例如：

```
Close #1,#2,#3        '命令是关闭 1 号、2 号、3 号文件
Close                 '命令是关闭所有打开的文件
```

9.2.2 顺序文件的读写操作

1. 写操作

将数据输出到文件中，也就是向文件写入数据，应该先以 Output 或 Append 方式打

开它,然后使用 Print ♯ 语句或 Write ♯ 语句,其语法格式如下:

1)Print 语句

使用格式:

```
Print #<文件号>,[<输出列表>]
```

说明:

① 文件号为以写方式打开文件的文件号。

② 输出列表为用分号或逗号分隔的变量、常量、空格和定位函数序列。

③ 数据写入文件的格式与使用 Print 方法获得的屏幕输出格式相同。

例如:把整个文本框 Text1 的内容一次性地写入文件 TEST.DAT 中。

```
Open "TEST.DAT" For Output As #1
Print #1, Text1
Close #1
```

2)Write 语句

使用格式:

```
Write #<文件号>,[<输出列表>]
```

Write 语句采用紧凑格式。数据项之间插入",",并给字符数据加上双引号。

例如:把数据"One","Two",123 写入文件 TEST.DAT 中。

```
Open "TEST.DAT" For Output As #1
Write #1,"One","Two",123
Close #1
```

从 Print 和 Write 语句的语法格式可以看出,两者在写入数据的格式时是有区别的,如例 9-1 所示。

例 9-1 Print 与 Write 语句输出数据结果比较,从图 9.4 可以得出二者的区别。

```
Private Sub Form_Click()
Dim Str As String, Anum As Integer
Open "D: \Myfile.dat" For Output As #1
    Str="ABCDEFG"
    Anum=12345
    Print #1, Str, Anum
    Write #1, Str, Anum
Close #1
End Sub
```

图 9.4 Print 与 Write 语句输出
数据结果比较

2. 读操作

(1)在程序中,要使用一现存文件中的数据,必须从已存在的文件中把它的内容读入变量中,也就是从文件读入数据,使用的是 Input 语句,其语法格式如下:

Input #文件号,变量列表

把读出的每个数据项分别存放到所对应的变量,变量的类型与文件中数据的类型要求对应一致。为了能够用 Input 语句将文件的数据正确读入到变量中,要求文件中各数据项应用分隔符分开。

(2) Line Input 语句语法格式:

Line Input #文件号,字符串变量

读一行到变量中,并将它分配给字符串变量,主要用来读取文本文件。Line Input 语句一次从文件中读取一行字符,直到遇到回车符(chr(13))或回车换行符(chr(13)+chr(10))为止。回车换行符将被跳过,而不会被附加到字符变量中。

(3) Input $ 语句语法格式:

Input$ (读取字符数, #文件号)

读取指定的数量的字符,作为函数的返回值。

例如:

```
Dim No As Long, Name As String, Score As Single
Write #1,"0909007","王东",90
Input #1, No, Name, Score
```

将数据 0909007、"王东"、90 分别读入变量 No、Name、Score 中。

例 9-2 Input、Line Input、Input $ 语句读入数据方式的比较。假定文本框名称为 Text1,文件名为 MYFILE.TXT,读文件的内容到文本框中。

用 Input 语句读一个字符:

```
Dim InputData As String * 1
    Text1.Text=""
Open "MYFILE.TXT" For Input As #1
    Do While Not EOF(1)
        InputData=Input(1,#1)
        Text1.Text=Text1.Text+InputData
    Loop
Close #1
```

用 Line Input 语句读一行字符:

```
Text1.Text=""
Open "MYFILE.TXT" For Input As #1
    Do While Not EOF(1)
        Line Input #1, InputData
        Text1.Text = Text1.Text+InputData+Visual BasicCrLf
    Loop
Close #1
```

用 Input $ 语句一次性读入：

```
Text1.Text=""
Open "MYFILE.TXT" For Input As #1
 Text1.Text=Input$ ( LOF(1), 1)
Close #1
```

说明：其中 EOF 和 LOF 为函数，分别用来返回读写位置和文件的长度（总字节数），文件指针在文件尾时，EOF 函数为 True，否则为 False。

3. 综合应用举例

例 9-3   将本宿舍 4 个同学的学号，姓名，计算机、高数、英语成绩写入文件 score. dat（score. dat 文件内容如图 9.5 所示）中，然后用记事本打开 score. dat，观察数据是否写入，然后按照原来的数据类型从文件 score. dat 中读出数据，计算每个同学的总分和平均分，显示在窗体上，程序运行结果如图 9.6 所示。

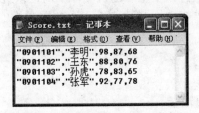

图 9.5   文件 score. dat 中的内容

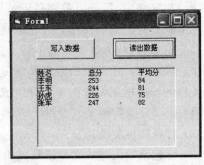

图 9.6   例 9.3 运行界面

代码如下：

```
Private Sub Command1_Click()
Open "C: \score.txt" For Output As #1
    Write #1, "0901101", "李明", 98, 87, 68
    Write #1, "0901102", "王东", 88, 80, 76
    Write #1, "0901103", "孙虎", 78, 83, 65
    Write #1, "0901104", "张军", 92, 77, 78
Close #1
End Sub

Private Sub Command2_Click()
Open "C: \Score.txt" For Input As #1              '打开文件供读取数据
    Dim No As String
    Dim Name As String
    Dim Score1%, score2%, score3%, Sum, count, Ave As Integer
     Sum=0
     count=3
```

```
        Picture1.Print "姓名", "总分", "平均分"
    Do While Not EOF(1)
        Input #1, No, Name, Score1, Score2, Score3   '读一行(学号、姓名、成绩)
        Sum=Sum+Score1+score2+score3                 '累加成绩
        Ave=Sum/count
        Picture1.Print Name, Format(Sum, "00"), Format(Ave, "00")
        Sum=0
    Loop
    Close #1
    End Sub
```

9.3 随机文件

在随机文件中,每条记录都有记录号,并且记录长度完全相同,所以对随机文件的操作实际上就是对记录的操作。对记录的操作过程是:首先在程序中声明记录类型,然后定义其变量,这样就为这个变量申请了内存空间,通过该变量和随机文件中的记录进行读写操作。随机文件中记录的数据类型是由 Type 语句定义的用户自定义类型,所以访问随机文件的程序框架一般由 4 部分组成:

(1) 定义记录类型及其变量。

(2) 打开随机文件。

(3) 将记录写入随机文件或从随机文件中读出记录。

(4) 关闭随机文件。

9.3.1 随机文件的读写操作

1. 随机文件的建立

首先要以随机模式打开文件,其语法格式如下:

```
Open  文件名  For  Random  As  #文件号  [Len=记录长度]
```

随机文件的读、写都以这一模式打开,一经打开即可同时进行读、写操作。另外,在 Open 语句中要指明记录的长度,记录长度的默认值是 128 个字节。

随机文件的关闭与顺序文件相同。

2. 随机文件的读操作

使用 Get 语句可以实现从随机文件中读取数据,其语法如下:

```
Get [#]文件号,[记录号],变量名
```

其中,变量名的数据类型必须和文件中记录的数据类型一致。该语句是从磁盘文件

中将一条由记录号指定的记录内容读入记录变量中。记录号是大于1的整数,表示对第几条记录进行操作,如果忽略记录号,则读出当前记录后的那一条记录。

例如:下面的语句表示把1号文件中第一个记录读到 student 变量中。

```
Get #1,1,student
```

3. 随机文件的写操作

向随机文件中写入数据使用 Put 语句,其使用语法如下:

```
Put  [#]文件号,[记录号],变量名
```

该语句将一条记录变量的内容写入所打开的磁盘文件中指定的记录位置处。记录号是大于1的正整数,表示对第几条记录进行操作,如果忽略记录号,则表示在当前记录后的位置插入一条记录。

例如: Put ♯1,student。

表示将 student 的内容写入文件号为♯1的下一记录中。

例 9-4　写两条记录(由学号、姓名、计算机成绩、高数成绩、外语成绩组成)到随机文件 D：\SCORE.DAT,记录号分别是110和120,然后从 D：\SCORE.DAT 中读出第120条记录并将其显示在窗体上。

(1) 添加标准模块。

```
Type Stud                              '自定义类型 Stud
  No As String * 6
  Name As String * 8
  Jsj As Integer
  Gsh As Integer
  Eng As Integer
End Type
Public Std As Stud                     '公有变量 Std
```

(2) 写文件。

```
'打开
Open "D: \SCORE.DAT" For Random As #1 Len=Len(Std)
'写文件
    Std.No="0909001"
    Std.Name="李华"
    Std.jsj=86
    Std.gsh=88
    Std.eng=90
Put #1, 110, Std
    Std.No="0909007"
    Std.Name="赵玲"
    Std.jsj=76
```

```
    Std.gsh=78
    Std.eng=85
Put #1, 120, Std
'关闭
Close #1
```

（3）读文件。

```
Open "D: \SCORE.DAT" For Random As #1 Len=Len(Std)
    Get #110, 120, Std
    Print Std.No,Std.Name, Std.jsj, Std.gsh, Std.eng
Close #1
```

9.3.2 随机文件中记录的添加与显示

1. 添加记录

要向随机文件的末端添加新记录，应使用上面的 Put 语句，同时文件号变量的值应设置为文件中的记录数＋1。Position 设置为 6。

例如，下面的语句将一个记录添加到随机文件的末尾。

```
LastRecord=LastRecord+1
Put #FileNum, LastRecord, Employee
```

例 9-5 设计一个简单的学生成绩管理程序，使用随机文件存储学生信息。程序的运行界面如图 9.5 所示，该程序具有数据添加、显示及学生信息顺序查询等功能。

（1）界面设计。

如图 9.7 所示，添加成绩、性别框架对象，在其中添加单选按钮用于性别选择，添加标签和文本框，用于成绩输入和显示，添加标签和文本框用于学生信息的输入和显示，添加命令按钮，用于增删和查询。

（2）代码设计。

① 添加标准模块：

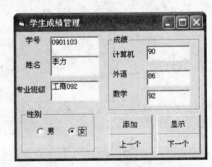

图 9.7 例 9-5 运行界面

```
Type StudType
    iNum As String
    strName As String * 20
    strclass As String * 20
    strSex As String * 1
    sMarkj As Single
    sMarke As Single
    sMarksh As Single
End Type
```

② 添加与显示的部分代码：

```
Dim Student As StudType
Dim Record_No As Integer

Private Sub Command1_Click()
With Student                                    '使用 With 语句将输入数据赋给记录变量
    .iNum=Val(Text1.Text)
    .strName=Text2.Text
    .strSex=IIf(Option1.Value, "1", "0")
    .strclass=Text3.Text
    .sMarkj=Val(Text4.Text)
    .sMarke=Val(Text5.Text)
    .sMarksh=Val(Text6.Text)
End With
Open "C:\STUDENT.DAT" For Random As #1 Len=Len(Student)   '打开随机文件
    Record_No=LOF(1)/Len(Student)+1             '计算新记录的记录号
        Put #1, Record_No, Student              '添加记录
    Close #1                                    '关闭文件
End Sub


Private Sub Command2_Click()
Open "C:\STUDENT.DAT" For Random As #1 Len=Len(Student)   '打开文件
    Get #1, Record_No, Student                  '按记录号读记录
    Text1.Text=Student.iNum
    Text2.Text=Student.strName
    If Student.strSex="1" Then
      Option1.Value=True
    Else
      Option2.Value=True
    End If
        Text3.Text=Student.strclass
        Text4.Text=Student.sMarkj
        Text5.Text=Student.sMarke
        Text6.Text=Student.sMarksh
        Record_No=LOF(1)/Len(Student)           '重新计算总记录数
    Close #1                                    '关闭文件
End Sub
```

③ 上一个与下一个的代码请读者自己添加。

2. 删除记录

在随机文件中删除记录的方法是将被删除记录后面的所有记录位置向前移动，将被删除记录覆盖掉，并将总记录数减 1。通过清除其字段可以删除一个记录，但该记录仍在

文件中存在。通常文件中不能有空记录,因为它们会浪费空间并且会干扰顺序操作。最好把余下的记录复制到一个新文件中,然后删除旧文件。

例如,要删除记录号为 N 的某个记录,可使用如下过程。

```
Private Sub Command1_Click
'recordnum 为文件中的记录个数
i=N
Do While i <= recordnum
  Get #1, i+1, recvar
  Put #1, i, recvar
  i=i+1
Loop
'将第 i 个记录即最后一个记录清空
recordnum=recordnum-1
End Sub
```

清除随机文件中被删记录的过程如下:

(1) 创建一个新文件。

(2) 把有用的所有记录从原文件复制到新文件。

(3) 关闭原文件并用 kill 语句删除它。

(4) 使用 name 语句以原文件的名字重新命名新文件。

3. 综合应用举例

例 9-6　设计一个窗体,说明随机文件各种操作的实现方法。

(1) 界面设计。

如图 9.8 所示,添加 4 个标签、4 个文本框(采用 Text1 控件数组)和 5 个命令按钮(从上到下分别为 Command1～Command5),标签用于信息的显示,文本框用于数据的输入和显示,命令按钮用来实现相应的功能。

图 9.8　例 9-6 窗体设计界面

(2) 代码设计。

① 定义随机文件 stud.dat 的结构。

```
Private Type StudType
    No As String * 4
    Name As String * 10
    Age As Integer
    Class As String * 5
End Type
```

② 文件结构变量。

```
Dim Stud As StudType
Dim Recnum As Integer
```

```
Private Sub Form_Load()
For i=0 To 3
    Text1(i).Text=""
Next
End Sub

Private Sub Command1_Click()
Call Form_Load
Text1(0).SetFocus
End Sub

Private Sub Command2_Click()
Recnum=InputBox("输入记录号", "数据输入")
If Recnum=0 Then Exit Sub
Open "stud.dat" For Random As #1 Len=Len(Stud)
totalrec=LOF(1)/Len(Stud)
For i=totalrec To Recnum Step-1
    Get #1, i, Stud
    Put #1, i+1, Stud
Next
Stud.No=Text1(0).Text
Stud.Name=Text1(0).Text
Stud.Age=Text1(0).Text
Stud.Class=Text1(0).Text
```

③ 写记录到文件中。

```
Put #1, Recnum, Stud
Close
End Sub

Private Sub Command3_Click()
Recnum=InputBox("输入记录号", "数据输入")
If Recnum=0 Then Exit Sub
Open "stud.dat" For Random As #1 Len=Len(Stud)
totalrec=LOF(1)/Len(Stud)
For i=totalrec To Recnum Step-1
    Get #1, i+1, Stud
    Put #1, i, Stud
Next
Stud.No=""
Stud.Name=""
Stud.Age=Empty
Stud.Class=""
Put #1, i, Stud
```

```
Close
End Sub

Private Sub Command4_Click()
Recnum=InputBox("输入记录号", "数据输入")
If Recnum=0 Then Exit Sub
Open "stud.dat" For Random As #1 Len=Len(Stud)
Get #1, Recnum, Stud
Text1(0).Text=Stud.No
Text1(0).Text=Stud.Name
Text1(0).Text=Stud.Age
Text1(0).Text=Stud.Class
Close
End Sub

Private Sub Command5_Click()
End
End Sub
```

9.4　常用文件操作函数

9.4.1　对文件/记录操作的常用函数

读写文件/记录时常用的函数有下列几个：

1. EOF 函数

EOF 函数将返回一个表示文件指针是否到达文件末尾的值。当到文件末尾时，EOF 函数返回 True，否则返回 False。对于顺序文件用 EOF 函数可以测试是否到文件末尾；对于随机文件和二进制文件，当最近一个执行的 Get 语句无法读到一个完整记录时返回 True，否则返回 False。

2. LOF 函数

LOF 函数将返回文件的字节数。例如，LOF(1)返回 #1 文件的长度，如果返回 0，则表示该文件是一个空文件。

3. Seek 函数

Seek 函数返回当前记录的读/写位置，返回值的类型是 Long。其使用形式如下：

Seek(文件号)

4. FileLen 函数

FileLen 函数返回一个 Long 型数据,代表一个文件的长度,单位是字节,用来获得文件的长度。其使用格式如下:

```
FileLen(FileName)
```

当调用 FileLen 函数时,如果所指定的文件已经打开,则返回的值是这个文件在打开前的大小。

5. Shell 函数

Shell 函数功能是执行一个可执行文件,返回一个 Variant(Double),如果成功,代表这个程序的任务 ID,若不成功,则会返回 0。

语法格式:

```
Shell(<pathname>[,windowtyle])
```

Shell 函数的语法含有下面这些命名参数:

pathname:必要参数,String 型,要执行的程序名,以及任何必需的参数或命令行变量,可能还包括目录或文件夹,以及驱动器。

Windowtyle:为可选参数,Integer 类型,指定在程序运行时窗口的样式。如果省略,则程序是以具有焦点的最小化窗口来执行的。Windowtyle 的取值如表 9.2 所示。

表 9.2　窗口类型参数 Windowtyle 的取值

常　　量	值	描　　述
vbHide	0	窗口被隐藏,且焦点会移到隐式窗口
vbNormalFocus	1	窗口具有焦点,且会还原到它原来的大小和位置
vbMinimizedFocus	2	窗口会以一个具有焦点的图标来显示(默认值)
vbMaximizedFocus	3	窗口是一个具有焦点的最大化窗口
vbNormalNoFocus	4	窗口会被还原到最近使用的大小和位置,而当前活动的窗口仍然保持活动
vbMinimizedNoFocus	6	窗口会以一个图标来显示,而当前活动的窗口仍然保持活动

例如:

```
'调用执行 windows 系统中的记事本
i=Shell("c:\windows\notepad.exe")
'进入 MS-DOS 状态
j=Shell("c:\command.com",1)
```

也可以按照过程形式调用:

```
Shell "c:\windows\notepad.exe"
```

```
Shell "c:\command.com , 1
```

9.4.2　常用文件操作语句

Visual Basic 中提供了一些可以直接对磁盘文件及目录操作的语句,本节将对列出的对文件和目录操作的主要的,也是常用的语句和函数进行详细说明。对列出而没有详细说明的语句和函数,读者可以参考 Visual Basic 帮助系统有关说明。

1. 常用文件、目录操作语句

1) ChDrive 语句
该语句改变当前驱动器。
语法格式为:

```
ChDrive "驱动器字母"
```

必要的"驱动器字母"参数是一个字符串表达式,它指定一个存在的驱动器。如果使用零长度的字符串(""),则当前的驱动器不会改变。如果 drive 参数中有多个字符,则 ChDrive 只会使用首字母。

2) ChDir 语句
该语句改变当前目录。
语法格式为:

```
ChDir   "path"
```

必要的 path 参数是一个字符串表达式,它指明哪个目录或文件夹将成为新的默认目录或文件夹。path 可能会包含驱动器。如果没有指定驱动器,则 ChDir 在当前的驱动器上改变默认目录或文件夹。

说明:ChDir 语句改变默认目录位置,但不会改变默认驱动器位置。例如,如果默认的驱动器是 C,则下面的语句将会改变驱动器 D 上的默认目录,但是 C 仍然是默认的驱动器:

```
ChDir "D:\TMP"
```

3) Curdir 语句
该语句返回一个字符串,用来代表当前的路径。
语法格式为:

```
CurDir [(drive)]
```

可选的 drive 参数是一个字符串表达式,它指定一个存在的驱动器。如果没有指定驱动器,或 drive 是零长度字符串(""),则 CurDir 会返回当前驱动器的路径。

注意:与 App 对象的 Path 属性的区别是,App.Path 确定当前应用程序本身所在的目录。例如:

假设 C 驱动器的当前路径为 C：\WINDOWS\SYSTEM。

假设 D 驱动器的当前路径为 D：\EXCEL。

假设 C 为当前的驱动器。

```
MyPath=CurDir("C")            '返回 C：\WINDOWS\SYSTEM"
MyPath=CurDir                 '返回 C：\WINDOWS\SYSTEM"
MyPath=CurDir("D")            '返回 D：\EXCEL
```

4）MkDir 语句

该语句创建一个新的目录或文件夹。

语法格式为：

```
MkDir  "path"
```

必要的 path 参数是用来指定所要创建的目录或文件夹的字符串表达式。path 可以包含驱动器。如果没有指定驱动器，则 MkDir 会在当前驱动器上创建新的目录或文件夹。

5）RmDir 语句

该语句删除一个空目录或文件夹。

语法格式为：

```
RmDir "path"
```

必要的 path 参数是一个字符串表达式，用来指定要删除的目录或文件夹。path 可以包含驱动器。如果没有指定驱动器，则 RmDir 会在当前驱动器上删除目录或文件夹。

说明：如果想要使用 RmDir 来删除一个含有文件的目录或文件夹，则会发生错误。在试图删除目录或文件夹之前，先使用 Kill 语句来删除所有文件。

6）Kill 语句

该语句删除一个或多个（用通配符）文件。

语法格式为：

```
Kill  "pathname"
```

必要的 pathname 参数是用来指定一个文件名的字符串表达式。pathname 可以包含目录或文件夹以及驱动器。

说明：在 Microsoft Windows 中，Kill 支持多字符（＊）和单字符（?）的统配符来指定多重文件。

例如：假设 D：\myfiles 目录下的文件 TestFile 是一数据文件。

下面语句将删除 D：\myfiles 目录下的文件 TestFile。

```
Kill " D：\myfiles\TestFile"
```

下面的语句将当前目录下所有 ＊.TXT 文件全部删除。

```
Kill "＊.TXT"
```

7) Name 语句

该语句重新命名（或者移动）一个文件、目录或文件夹。

语法格式为：

Name "旧文件（目录）说明" As "新文件（目录）说明"

不指定路径或指定相同路径时改名；指定不同路径时移动文件，若文件名也不同则移动并改名。在一个已打开的文件上使用 Name，将会产生错误。必须在改变名称之前，先关闭打开的文件。

Name 参数不能包括多字符（＊）和单字符（?）的统配符。

例如：使用 Name 语句来更改文件的名称。假设所有使用到的目录或文件夹都已存在。

```
Dim OldName, NewName
OldName="OLDFILE"
NewName="NEWFILE"
'定义文件名
Name OldName As NewName
'更改文件名
OldName="C:\MYDIR\OLDFILE":
NewName="C:\YOURDIR\NEWFILE"Name OldName As NewName
'更改文件名,并移动文件
```

8) FileCopy 语句

使用 FileCopy 语句复制一个文件，其语法格式为：

```
FileCopy source,destination
```

FileCopy 语句的语法包含下面部分：

source：字符串表达式，源文件名，文件名应是包括扩展名在内的完整文件名。source 可以包含目录（文件夹）以及驱动器。

destination：目标文件名，字符串表达式，文件名应是包括扩展名在内的完整文件名。destination 可以包含目录（文件夹）以及驱动器。

说明：在使用 FileCopy 语句时，如果 source 不含扩展名则会产生"文件没找到"错误；如果 destination 不含扩展名，则新文件为不可读。

例如：使用 FileCopy 语句来复制文件。建立一标准工程，在窗体上添加一个命令按钮和两个文本框，将下面的程序粘贴过去。

```
Private Sub Command1_Click()
    FileCopy Text1.Text, Text2.Text
End Sub
```

在第一个文本框里输入源文件名，在第二个文本框里输入目标文件名，单击命令按钮。

注意：两个文件名都要包括扩展名。

2. 常用文件、记录读写语句

对于读写文件/记录时常用的语句有下列几个：

1) Write 语句

对顺序文件进行写入操作，数据列表一般用“,”分隔。其使用形式如下：

```
Write #<文件号>,[<输出列表>]
```

Write 语句采用紧凑格式。数据项之间插入“,”，并给字符数据加上双引号。

2) Print 语句

功能基本与 Write 语句相同，区别在于字符串没有加双引号，数据之间没有“,”分隔。其使用形式如下：

```
Print #<文件号>,[<输出列表>]
```

其中：文件号为以写方式打开文件的文件号；输出列表为用分号或逗号分隔的变量、常量、空格和定位函数序列。

3) Input 语句

对顺序文件进行读操作，一次读一个字符。其使用形式如下：

```
Input #文件号,变量列表
```

把读出的每个数据项分别存放到所对应的变量。

4) LineInput 语句

对顺序文件进行读操作，一次读一行字符。其使用形式如下：

```
Line Input #文件号,字符串变量
```

读一行到变量中，主要用来读取文本文件。

5) Input $ 语句

对顺序文件进行读操作，一次读所有字符。其使用形式如下：

```
Input$(读取字符数, #文件号)
```

读取指定数量的字符，作为函数的返回值。

6) Get 语句

对随机文件进行读操作。其使用形式如下：

```
Get [#]文件号,[记录号],变量名
```

忽略记录号，则读出当前记录后的那一条记录。

7) Put 语句

对随机文件进行写操作。其使用形式如下：

```
Put  [#]文件号,[记录号],变量名
```

将一个记录变量的内容写到指定的记录位置处。忽略记录号，则表示在当前记录后

的位置插入一条记录。

8) Open 语句

打开文件。其使用形式如下：

```
Open 文件名 [For 模式] As #文件号 [Len=记录长度]
```

9) Close 语句

关闭文件。其使用形式如下：

```
Close [filenumberlist]
```

10) Seek 语句

Seek 语句设置下一条记录读/写操作的位置。其使用形式如下：

```
Seek [#]文件号,位置
```

对于随机文件来说，"位置"是指记录号。

习　题　9

1. ASCII 码文件和二进制文件有什么区别？
2. 按照文件的访问模式，文件分为哪几种类型？
3. 随机文件和顺序文件的读写有什么不同？
4. 简述 EOF、LOF、SEEK 函数的功能及语法格式。
5. 设计一个窗体，用于输入若干整数，并将它们存入一个文件中。
6. 设计一个窗体，读取上一题中所建立的文件中的所有整数，求出总和并写入文件尾部，然后读取该文件的所有数据并在一个文本框中输出。
7. 假定磁盘上有一个学生成绩文件（文件名是 stud. dat），存放着若干名学生的数据，包括学号、姓名、性别、年龄和 5 门课成绩。试编写一个程序，建立以下 4 个文件。
（1）全部女生的文件。
（2）按 5 门课程成绩从高到低排列的学生情况文件。
（3）按年龄从小到大顺序排列的全部学生情况文件。
（4）按 5 门课程以及平均成绩的分数段进行人数统计的文件。
提示：60 分以下，60～70，71～80，81～90，90 分以上。

———————— Visual Basic 程序设计教程

第 10 章 数据库编程基础

数据库技术是计算机应用技术中的一个重要组成部分。Visual Basic 6.0 提供了强有力的数据库访问功能,通过 Visual Basic 提供的各种数据库访问工具,可以快速创建数据库应用程序。

本章将在介绍数据库基本概念的基础上重点介绍 Visual Basic 数据库访问技术,包括 ADO 数据控件、数据绑定控件以及 ADO 数据集对象,最后简单介绍了数据查询和统计程序设计。

10.1 数据库概述

10.1.1 关系数据库的基本概念

数据库技术是应数据管理任务的需要而产生的,是随着数据管理功能需求的不断增加而发展的。它把大量的数据按照一定的结构存储起来,在数据库管理系统的集中管理下,实现数据共享。由于数据库具有数据结构化、数据独立性高、数据共享和易于扩充等特点,因此被广泛地应用于各种管理信息系统中,成为当今信息化社会管理和利用信息资源不可缺少的工具。

数据库(DataBase,DB)是以一定方式组织、存储及处理相互关联的数据的集合,它以一定的数据结构和一定的文件组织方式存储数据,并允许用户访问。数据库是按照数据模型组织数据的。数据模型是数据库中数据的存储方式,是数据库系统的核心和基础。每一种数据库管理系统都是基于某种数据模型的,目前应用最广泛的是关系模型。

基于关系模型的数据库称为关系数据库。关系数据库将数据以行和列组成的二维表的形式存放,并且通过关系将多个表联系在一起。关系数据库还提供了结构化查询语言(Structure Query Language,SQL)的标准接口,用来实现对数据库的访问。关系数据库是最常用的一种数据库,Microsoft Access、SQL Server 和 Oracle 等都是关系数据库管理系统。

在关系数据库中,数据是以表的形式存储的。例如,学生信息数据库 Student. mdb 中有一张基本信息表,如图 10.1 所示。下面根据基本信息表介绍关系数据库的基本概念。

1. 表

表是由行和列组成的数据集合。表一般具有多个属性。例如,基本信息表包含了有

图 10.1　基本信息表

关学生的多个属性,如学号、姓名、性别、出生日期、所在学院、专业等。

2. 记录

表中的每一行称为一条记录。关系数据库不允许在一个表中出现重复的记录。例如,基本信息表中有 9 条记录。

3. 字段

表中的每一列称为一个字段。字段具有字段名、数据类型等属性,同一张表中不允许有同名字段,且同一列中的数据类型必须相同。表的结构是由它所有的字段决定的。例如,基本信息表具有学号、姓名、性别、出生日期、所在学院、专业等字段。

4. 主键

也称为主关键字,通常是一个字段或多个字段的组合,用来在表中唯一标识一条记录。例如,在基本信息表中,每个学生有一个唯一的学号,因此,学号字段可作为表的主键。

5. 索引

在处理表中数据时,往往要求按照某个字段值的顺序依次处理记录。通过建立索引可以实现按索引字段进行排序,从而可以按索引字段顺序处理记录,加快检索速度。

6. 关系

数据库一般由多个表组成。例如,Student.mdb 数据库中还有一张学生成绩表,如图 10.2 所示。

关系通常定义表与表之间关联的方式。定义一个关系时,必须说明相互联系的两个表中哪两个字段相关联。例如,可以通过学号字段把学生成绩表和基本信息表关联起来,在学生成绩表中通过学号字段引用基本信息表中的学生姓名、性别、出生日期、所在学院、专业等信息,而不必在成绩表中重复添加这些信息。

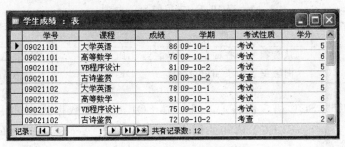

图 10.2　学生成绩表

10.1.2　建立数据库

Visual Basic 所支持的不同类型的数据库通常可以通过相应的数据库管理系统来建立,例如,使用 Access 数据库管理系统可以创建 Access 数据库。Microsoft Access 是小型数据库管理系统,它与 Office 组件绑定在一起,具有灵活方便、易于使用的特点。Access 也是 Visual Basic 默认的内部数据库。本章以 Microsoft Access 数据库为例讨论 Visual Basic 的数据库应用技术。

数据库是由数据表组成的,所以需要确定数据表结构,包括表中各字段的名称、数据类型和长度等属性。例如,Student. mdb 中的基本信息表和学生成绩表的结构如图 10.3 所示。

基本信息

字段名	字段类型	字段长度
学号	文本型	8
姓名	文本型	10
性别	文本型	1
出生日期	日期型	
所在学院	文本型	20
专业	文本型	20

学生成绩

字段名	字段类型	字段长度
学号	文本型	8
课程	文本型	10
成绩	数字型	单精度型
学期	文本型	10
考试性质	文本型	10
学分	数字型	整型

图 10.3　Student. mdb 中的数据表结构

10.1.3　使用 SQL 查询数据库

结构化查询语言(SQL)是操作关系数据库的标准语言。通过 SQL 命令,可以从数据库的一个表或多个表中获取数据,也可对数据进行添加、修改、删除等更新操作。SQL 具有语言简洁、功能强大、易学易用等特点。目前,Access、SQL Server、Oracle 等各种类型的数据库基本上都支持 SQL。

SQL 由命令、子句、运算符和函数等基本元素构成,通过这些元素组成语句对数据库进行操作。常用的 SQL 命令参见表 10.1。

表 10.1 常用的 SQL 命令

命　令	功　能	命　令	功　能
SELECT	从数据表中查询记录	UPDATE	更新数据表中的记录
INSERT	向数据表中添加记录	DELETE	从数据表中删除记录

查询数据库是 SQL 语言的核心功能。在 SQL 中用于数据查询的语句是 SELECT 语句。下面主要介绍 SELECT 语句的用法。读者可通过 Access 数据库的查询对象来验证 SQL 的查询语句。

1. SELECT 语句的基本语法形式

```
SELECT 字段列表 FROM 表名
[WHERE 查询条件]
[GROUP BY 分组字段 [HAVING 分组条件]]
[ORDER BY 排序字段 [ASC|DESC]]
```

对 SELECT 语句各部分说明如下：

字段列表部分包含了查询结果要显示的字段清单,字段之间用逗号分开。要选择表中所有字段,可用星号"＊"代替。如果所选定的字段要更名显示,可在该字段后用 AS [新名]实现。

FROM 子句用于指定一个或多个表。如果所选的字段来自不同的表,则字段名前应加表名前缀。

WHERE 子句指定查询条件,用于限制记录的选择。构造查询条件可使用大多数的 Visual Basic 内部函数和运算符,以及 SQL 特有的运算符构成表达式。

GROUP BY 和 HAVING 子句用于分组和分组过滤处理。它能把在指定字段列表中有相同值的记录合并成一条记录。将记录分组后,也可用 HAVING 子句对分组进行筛选。一旦 GROUP BY 完成了记录分组,HAVING 就显示由 GROUP BY 子句分组的,且满足 HAVING 子句条件的所有记录。

ORDER BY 子句决定了查找出来的记录的排列顺序。在 ORDER BY 子句中,可以指定一个或多个字段为排序字段,ASC 选项代表升序,DESC 代表降序。

在 SELECT 语句中,SELECT 和 FROM 子句是必需的。

2. 简单查询

（1）查询指定列

例如,查询基本信息表中全体学生的姓名与专业信息,查询语句为：

```
SELECT 姓名,专业 FROM 基本信息
```

（2）查询全部列

例如,查询基本信息表中全体学生的详细信息,查询语句为：

```
SELECT ＊ FROM 基本信息
```

（3）查询经过计算的值

字段列表还可包含表达式，表达式一般由字段、运算符、函数等构成。如果需要查询的信息在原始数据中不能够直接反映，可通过构造表达式对原始数据进行运算处理而获取。在查询结果中需要用名称来表示字段表达式，可在其后使用 AS 短语来指定别名。

例如，查询基本信息表中全体学生的姓名与年龄，查询语句为：

`SELECT 姓名,Year(Date())-Year(出生日期) AS 年龄 FROM 基本信息`

查询结果如图 10.4 所示。

（4）消除取值重复的行

使用 DISTINCT 子句可从查询结果中去掉重复的行。

例如，查询基本信息表中有哪几个专业，查询语句为：

`SELECT DISTINCT 专业 FROM 基本信息`

查询结果如图 10.5 所示。

姓名	年龄
▶ 李丽	19
王涛	20
冯雪雁	20
宁心	19
郭晓明	20
朱培松	19
韩彤彤	20
唐丹	20
李海波	20

图 10.4　经过计算产生的查询结果

专业
▶ 财务管理
会计学
计算机
数学

图 10.5　DISTINCT 子句的使用

3. 条件查询

使用 WHERE 子句用于查询指定表的符合某个条件的数据。WHERE 子句可以使用运算符和函数组成表达式，构造出查询条件。也可在 WHERE 子句中使用 AND 或 OR 运算符指定多个条件。

例如，查询基本信息表中数学专业学生的详细信息，查询语句为：

`SELECT * FROM 基本信息 WHERE 专业="数学"`

例如，查询学生成绩表中大学英语成绩不及格学生的记录，查询语句为：

`SELECT * FROM 学生成绩 WHERE 课程="大学英语" AND 成绩<60`

查询条件中除了常用的关系运算符（=、>、<、>=、<=、<>）外，还包括以下 3 种特殊的运算符：

（1）范围运算符 BETWEEN…AND…用于查询某一数值范围内或日期、时间范围内的数据。需要注意的是，使用 BETWEEN…AND…运算符的查询语句返回的查询结果包含了边界记录。

例如，查询学生成绩表中考试成绩在 90～100 之间的记录，查询语句为：

```
SELECT * FROM 学生成绩 WHERE 成绩 BETWEEN 90 AND 100
```

确定范围除了使用 BETWEEN…AND…运算符外,也可使用>=和<=运算符。以上查询语句也可写为:

```
SELECT * FROM 学生成绩 WHERE 成绩>=90 AND 成绩<=100
```

日期型字段值需要用一对"♯"标识。例如,查询学生基本信息表中 1990 年出生的所有学生记录,即查询出生日期在 1990-1-1 到 1990-12-31 之间的学生记录,查询语句为:

```
SELECT * FROM 学生信息 WHERE 出生日期 BETWEEN ♯1990-1-1♯ AND ♯1990-12-31♯
```

以上查询语句也可写为:

```
SELECT * FROM 学生信息 WHERE 出生日期>=♯1990-1-1♯ AND 出生日期 <=♯1990-12-31♯
```

(2) 模式匹配运算符 LIKE。条件查询除了精确查询外还有模糊查询,模糊查询可以用来确定查询范围。在 SQL 查询语句中通过使用 LIKE 运算符进行模糊查询。在 Access 中,使用通配符"?"和"*"的字符表达式与 LIKE 字段值比较,其中"?"表示匹配任意单个字符,而"*"表示匹配零个或任意多个字符。

例如,在学生基本信息表中查询所有李姓同学的记录,查询语句为:

```
SELECT * FROM 基本信息 WHERE 姓名 LIKE "李 * "
```

(3) 列标运算符 IN。列出若干与所选字段类型相同的表达式,用逗号分隔。IN 前面的字段值匹配所列值之一则条件成立。

例如,查询计算机专业和数学专业的学生记录。

```
SELECT * FROM 基本信息 WHERE 专业 IN ("计算机","数学")
```

该查询语句等价于:

```
SELECT * FROM 基本信息 WHERE 专业="计算机" OR 专业="数学"
```

4. 合计函数

可在 SELECT 子句内使用合计函数对记录进行统计计算,它返回一组记录的单一值,即将一组记录经过计算形成一条输出记录。常见的合计函数参见表 10.2。

表 10.2 合计函数

函　　数	描　　述
COUNT(*)	统计记录的个数
COUNT(列名)	统计一列中值的个数
SUM(列名)	求某一列值的总和(此列必须是数值型)
AVG(列名)	求某一列值的平均值(此列必须是数值型)
MAX(列名)	求某一列值的最大值
MIN(列名)	求某一列值的最小值

例如,统计计算机专业学生的人数,可使用下面的查询语句:

`SELECT COUNT(*) AS 学生人数 FROM 基本信息 WHERE 专业="计算机"`

5. 数据分组

在实际应用中,经常需要将查询结果进行分组,然后再对每个分组进行统计,SQL 语言提供了 GROUP BY 子句和 HAVING 子句来实现分组统计,把指定字段列表中有相同值的记录合并成一条记录。

例如,按专业统计学生人数,查询语句为:

`SELECT 专业,COUNT(*) AS 学生人数 FROM 基本信息 GROUP BY 专业`

如果学生基本信息表中的信息涉及 4 个专业,该查询语句产生 4 条记录,分别显示每个专业的学生人数,如图 10.6 所示。

如果对分组后的数据还要进行过滤,可在 GROUP BY 子句后结合使用 HAVING 子句。例如,查询平均分在 80 分以上的学生学号和平均分,查询语句为:

`SELECT 学号,AVG(成绩) AS 平均分 FROM 学生成绩 GROUP BY 学号 HAVING AVG(成绩)>=80`

查询结果如图 10.7 右图所示,如不使用 HAVING 子句,查询结果如图 10.7 左图所示。

专业	学生人数
财务管理	2
会计学	3
计算机	2
数学	2

图 10.6　GROUP BY 子句的使用

学号	平均分
09021101	81
09021102	77
09021201	84

学号	平均分
09021101	81
09021201	84

图 10.7　HAVING 子句的功能

注意:HAVING 子句与 WHERE 子句的区别是,WHERE 子句是对整个记录集进行过滤,而 HAVING 子句则是对分组的记录进行过滤。

6. 排序

ORDER BY 子句确定查询结果的排序方式。可以指定一个字段或多个字段为排序关键字,ASC 选项代表升序,DESC 代表降序。

例如,查询每个学生的大学英语课程的成绩,并按成绩降序显示,查询语句为:

`SELECT * FROM 学生成绩 WHERE 课程="大学英语" ORDER BY 成绩 DESC`

7. 多表查询

若查询的数据分布在多个表中,则需要进行多表连接查询,表间的连接条件须在 WHERE 子句中指定,格式为:

`SELECT 字段列表 FROM 表 1,表 2 WHERE 表 1.字段=表 2.字段`

说明:如果所选的字段来自不同的表,则字段名前应加表名前缀。若字段只出现在一个表中，表名前缀可省略；若多个表中存在相同字段名，必须用表名前缀指定该字段来自哪一个表。FROM 子句后的多个表名用逗号分隔，WHERE 子句中指定连接条件，使用两个表的共同字段进行"="运算。

例如，查询每个学生的学号、姓名、课程、成绩字段信息。因为要求显示的字段分别在基本信息表和学生成绩表中，所以要进行多表查询。查询语句为：

SELECT 基本信息.学号,姓名,课程,成绩 FROM 基本信息,学生成绩 WHERE 基本信息.学号=学生成绩.学号

查询结果如图 10.8 所示。

学号	姓名	课程	成绩
▶ 09021101	李丽	VB程序设计	81
09021101	李丽	大学英语	86
09021101	李丽	高等数学	76
09021101	李丽	古诗鉴赏	80

图 10.8　两表连接查询

10.2　Visual Basic 数据库访问技术

一个完整的数据库系统除了包括数据库外，还包括用于处理数据的数据库应用程序。数据库应用程序是指用 Visual Basic 或其他开发工具开发的计算机应用程序，通过该程序可以访问数据库中的数据，并将所选择的数据按用户的要求显示出来。为实现对数据库的访问，数据库应用程序需采用某种数据库访问技术，目前 Visual Basic 访问数据库的主流技术是 ADO(ActiveX Data Object，ActiveX 数据对象)。

ADO 是 Microsoft 推出的新一代数据访问技术，它通过 OLE DB 实现对不同类型数据源的访问。OLE DB 是一种数据访问模式，能提供对各种类型数据的操作。ADO 实质上是一种提供访问各种数据类型的连接机制，它通过内部的属性和方法提供统一的数据访问接口，适用于 Access、SQL Server、Oracle 等关系数据库。为了便于用户使用 ADO 数据访问技术，Visual Basic 6.0 提供了 ADO 数据控件，它易于使用，可以用少量的代码创建数据库应用程序。

10.2.1　ADO 数据控件

ADO 数据控件不是 Visual Basic 的标准控件，在使用之前需选择"工程"菜单中的"部件"命令，打开"部件"对话框，选择 Microsoft ADO Data Control 6.0(OLEDB)选项将其添加到工具箱中，如图 10.9 所示。ADO 控件在工具箱中的图标为 █ᵘ，添加到窗体后的效果如图 10.10 所示，可通过设置其 Caption 属性修改 ADO 控件上显示的文本。

在设计数据库应用程序时，可设置 ADO 数据控件的基本属性来建立与数据库的连接。窗体中的控件通过数据绑定使用 ADO 数据控件提供的数据，这样在不编写任何代

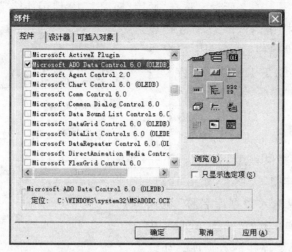

图 10.9　添加 ADO 控件到工具箱

码的情况下可以快速创建数据库应用程序。ADO 数据控件也提供了一系列属性、方法和
事件用于编程，实现对数据库的高级访问操作。数据库应用程序通过 ADO 数据控件对
数据库的访问过程如图 10.11 所示。

图 10.10　ADO 数据控件　　　　　图 10.11　通过 ADO 数据控件访问数据库的过程

10.2.2　ADO 数据控件的基本属性

与数据库的连接及从数据库中选择数据构成记录集，主要是设置 ADO 数据控件的
以下三个基本属性：

1. ConnectionString 属性

ConnectionString 属性是一个字符串，包含了用于与数据源建立连接的相关信息。
典型的 ConnectionString 属性形式如下所示：

```
Provider=Microsoft.Jet.OLEDB.4.0; Data Source=Student.mdb;
```

其中，Provider 指定连接提供程序的名称，Data Source 指定要连接的数据源文件。

设置 ConnectionString 属性的方法：在 ADO 数据控件上右击并选择快捷菜单中的
"ADODC 属性"命令或单击属性窗口中 ConnectionString 属性项后的按钮都可以打开

"属性页"对话框,如图 10.12 所示。选择"通用"选项卡中"使用连接字符串"单选按钮,单击该项后的"生成"按钮,打开"数据链接属性"对话框。在"提供程序"选项卡中根据应用程序的要求选择 OLE DB 提供程序。连接 Access 2000 或更高版本的数据库时,需要选择 Microsoft Jet 4.0 OLE DB Provider,如图 10.13 所示。

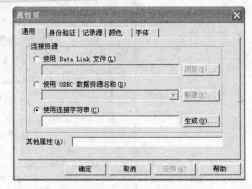

图 10.12 "属性页"对话框

选择"OLE DB 提供程序"后单击"下一步"按钮则切换到"连接"选项卡,如图 10.14 所示。单击"选择或输入数据库名称"输入框右侧的 ... 按钮,在弹出的"选择 Access 数据库"对话框中选择要连接的数据库。如设置正确无误,单击"测试连接"按钮,会显示"测试连接成功"提示框。单击"确定"按钮,返回"属性页"对话框,完成连接字符串的生成。

图 10.13 "数据链接属性"对话框

图 10.14 指定连接的数据库文件

在设置 ADO 数据控件与数据库的连接时,有一点要提请读者注意。如图 10.14 所示,在"数据链接属性"窗口的"连接"选项卡中指定数据库时采用的是绝对路径。为了保证数据库应用程序移植到其他计算机上仍可正常使用,应当采用相对路径,即删除数据库名称前面的目录路径,仅保留数据库文件名,不过这要求将数据库文件与工程文件放置在同一文件夹中。

2. CommandType 属性

CommandType 属性用于指定获取记录源的命令类型,其取值参见表 10.3。

表 10.3 CommandType 属性值

属性值	系统常量	说　明
1	adCmdText	RecordSource 设置为命令文本,通常使用 SQL 语句
2	adCmdTable	RecordSource 设置为单个表名
4	adCmdStoredProc	RecordSource 设置为存储过程名
8	adCmdUnknown	命令类型未知,RecordSource 通常设置为 SQL 语句

设置好 ConnectionString 属性后,打开属性页的"记录源"选项卡,在"命令类型"下拉
列表框中选择命令类型,如图 10.15 所示。

3. RecordSource 属性

RecordSource 确定具体可访问的数据
来源,这些数据构成记录集对象 Recordset。
该属性值是一个字符串,可以是数据库中的
单个表名,也可以是一个 SQL 语句。

图 10.15　"记录源"选项卡

例如,要指定记录集对象为 Student.
mdb 数据库中的基本信息表,则设置
RecordSource 属性为"基本信息",设置方法
为:在如图 10.15 所示的"记录源"选项卡
中,命令类型选择"2-adCmdTable",在"表或存储过程名称"下拉框中选择"基本信息";若
指定记录集对象为所有计算机专业的学生信息,则设置 RecordSoruce 属性为 Select *
From 基本信息 Where 专业='计算机',设置方法为:在"记录源"选项卡中,命令类型选
择 1-adCmdText,在"命令文本(SQL)"文本框中输入此 SQL 语句。

以上操作完成后,ADO 数据控件的 3 个基本属性就设置好了,这样就建立了与数据
源的连接并产生了记录集。

10.2.3 数据绑定

在 Visual Basic 中,ADO 数据控件本身不能直接显示记录集中的数据,必须通过能
与其绑定的控件来实现。任何具有 DataSource 属性的控件都可以绑定到一个 ADO 数据
控件上作为绑定控件。可与 ADO 数据控件绑定的控件有文本框、标签、图形框、图像框、
列表框、组合框、复选框、数据列表框、数据组合框、数据网格等控件。下面介绍几种常用
的绑定控件。

1. DataGrid 控件

DataGrid 控件也称为数据网格控件,实现以表格的方式显示数据。将 DataGrid 控件
的 DataSource 属性设置为 ADO 数据控件,表格会自动显示记录集中的数据,表格的列标
题显示记录集对应的字段名。

DataGrid 控件属于 ActiveX 控件,使用前需先通过选择"工程"菜单中的"部件"命令再选择 Microsoft DataGrid Control 6.0(OLEDB)选项,将 DataGrid 控件添加到工具箱。DataGrid 控件在工具箱中的图标为 。

DataGrid 控件的主要属性如下:

(1) Caption 属性:表格标题,默认为空字符串,即不显示标题。

(2) DataSource 属性:设置表格读取数据的记录源,可设置为 ADO 数据控件名称。

(3) AllowAddNew 属性:设置为 True 允许添加记录,设置为 False 则不能添加记录。

(4) AllowDelete 属性:设置为 True 允许删除记录,设置为 False 则不能删除记录。

(5) AllowUpdate 属性:设置为 True 允许修改记录,设置为 False 则不能修改记录。

例 10-1　设计一个应用程序,在窗体上用表格形式浏览 Student. mdb 数据库中基本信息表的内容,如图 10.16 所示。

具体操作步骤如下:

(1) 界面设计

加载 ADO 数据控件和 DataGrid 控件至工具箱,然后在窗体上添加这两个控件,并将 DataGrid 控件调整到适当的大小。

(2) 建立连接和产生记录集

在 ADO 数据控件 Adodc1 上右击并选择快捷菜单中的"ADODC 属性"命令打开"属性页"对话框。选择"通用"选项卡中的"使用连接字符串"单

图 10.16　浏览学生信息表

选按钮,单击该项后的"生成"按钮,打开"数据链接属性"对话框。在"提供程序"选项卡中选择 Microsoft Jet 4.0 OLE DB Provider,然后单击"下一步"按钮则打开"连接"选项卡,在"选择或输入数据库名称"项指定数据库文件 Student. mdb,单击"确定"按钮返回到"属性页"对话框。在控件属性页的"记录源"选项卡的"命令类型"下拉列表框中选择 2-adCmdTable,在"表或存储过程名称"下拉列表框中选择"基本信息"。

操作完成后,Adodc1 控件的 3 个基本属性已填入属性值,参见表 10.4。

表 10.4　Adodc1 控件的基本属性

属　性	属　性　值	描　　述
ConnectionString	Provider=Microsoft. Jet. OLEDB. 4.0; DataSource=Student. mdb; Persist Security Info=False	为数据连接提供程序 连接到数据库 Student. mdb 对数据库的管理不使用安全信息
CommandType	adCmdTable	从单个表中获取数据源
RecordSource	基本信息	用基本信息表的数据构成记录集

(3) 数据绑定

设置 DataGrid 控件的 DataSource 属性为 Adodc1,即可在表格上显示记录集的全部数据。然后把 DataGrid 控件的 AllowAddNew 属性设置为 True,AllowDelete 属性设置

为 True,AllowUpdate 属性设置为 True,即可对"基本信息"表进行添加、删除与修改数据操作。

在运行窗体时,单击 ADO 数据控件中的 4 个导航按钮 |◀ ◀ ▶ ▶| 可分别移动到到首记录、上一记录、下一记录和尾记录,使其成为当前记录。

本例除了可以浏览数据库中的记录外,还可以编辑数据。在表格最后可向数据库中添加记录。选中表格中的某一行,按下 Delete 键,可删除数据库中的该条记录。如果改变了某个字段的值,可将修改后的数据存入数据库。

2. 简单绑定控件

使用 DataGrid 控件可以绑定到整个记录集,而有些控件只能绑定到记录集的某一个字段,称为简单绑定。每个简单绑定控件仅显示记录集中的一个字段值。最常见的简单数据绑定控件是文本框、标签和组合框等。

要使绑定控件连接到记录集并显示某个字段的值,需对这些控件的两个属性进行设置:

(1) DataSource 属性:通过指定一个有效的 ADO 数据控件将绑定控件连接到数据源。

(2) DataField 属性:设置记录集中有效的字段,使绑定控件与其建立联系。

例 10-2　设计窗体,用于显示 Student.mdb 数据库中基本信息表的内容,如图 10.17 所示。

① 界面设计。

在窗体上放置 1 个 ADO 数据控件,6 个标签控件,2 个文本框分别绑定学号和姓名字段,3 个组合框分别绑定性别、所在学院和专业字段,1 个 DTPicker 控件绑定出生日期。DTPicker 控件是一个日历控件,可用来设置日期和时间。DTPicker 控件是一个 ActiveX 控件,需通过选择"工程"菜单中的"部件"命令并选择 Microsoft Windows Common Controls-2 6.0 选项将其添加到工具箱中。DTPicker 控件的使用效果如图 10.18 所示。

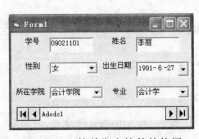

图 10.17　简单绑定控件的使用

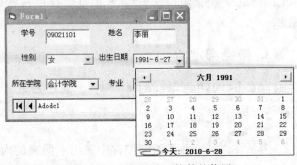

图 10.18　DTPicker 控件的使用

② 建立连接和产生记录集。

参照例 10-1 的操作,将 Adodc1 控件连接到数据库 Student.mdb;命令类型设置为 2-adCmdTable,记录源设置为"基本信息"。

③ 将文本框控件 Text1 ~ Text2、组合框控件 Combo1 ~ Combo3 和日历控件 DTPicker1 的 DataSource 属性都设置成 Adodc1。单击这些绑定控件的 DataField 属性下拉框,列出基本信息表所含的全部字段,分别选择与其对应的字段。

10.2.4 ADO 数据控件的主要方法

ADO 数据控件一旦建立了与数据库的连接,就可以通过设置或改变其 RecordSource 属性访问数据库中的任何表,亦可访问由一个或多个表中的部分或全部数据构成的记录集。在实际应用中,常常在程序运行时用代码设置 RecordSource 属性及其相关属性(如 CommandType),从而使 ADO 数据控件具有更大的灵活性。

Refresh 方法用来刷新 ADO 数据控件的连接属性,并重新建立记录集。如果在程序代码中改变了 RecordSource 的属性值,必须使用 Refresh 方法来刷新记录集。

例 10-3 设计窗体,通过单击不同的命令按钮,在表格中显示 Student.mdb 数据库中基本信息表或学生成绩表的数据,如图 10.19 所示。

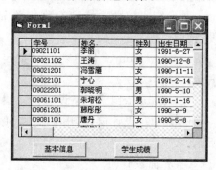

图 10.19 在 DataGrid 控件中显示不同表的内容

1. 界面设计

加载 ADO 数据控件和 DataGrid 控件至工具箱,然后在窗体上添加这两个控件和两个命令按钮。将 DataGrid 控件调整到适当的大小,设置两个命令按钮的 Caption 属性分别为"基本信息"和"学生成绩"。

2. 建立连接和产生记录集

参照例 10-1 的操作,将 Adodc1 控件连接到数据库 Student.mdb;命令类型设置为 2-adCmdTable,记录源设置为"基本信息",这样运行后在表格中默认显示基本信息表中的数据。

3. 数据绑定

设置 DataGrid 控件的 DataSource 属性为 Adodc1。

4. 程序代码

为了在同一个数据网格控件中显示不同表的内容,只需改变 Adodc1 产生的记录集。为此,可在程序运行状态改变 Adodc1 控件的 RecordSource 属性值,并用 Refresh 方法刷新。代码如下:

```
Private Sub Command1_Click()
    Adodc1.RecordSource="基本信息"
    Adodc1.Refresh
```

```
End Sub
Private Sub Command2_Click()
    Adodc1.RecordSource="学生成绩"
    Adodc1.Refresh
End Sub
```

10.2.5　ADO 数据控件的主要事件

当改变记录集的指针使其从一条记录移动到另一条记录，会触发 WillMove 事件。MoveComplete 事件发生在一条记录成为当前记录后，它出现在 WillMove 事件之后。例如，要显示当前记录号，可在 MoveComplete 事件中编写代码实现，具体实现将在 10.3 节中进行介绍。

10.3　记录集对象

设置 ADO 数据控件的基本属性后，即确定了可以访问的数据，这些数据就构成了记录集 Recordset。记录集表示的是来自基本表或 SQL 命令执行的结果形成的数据集合，其结构与数据表类似。ADO 数据控件对数据库的操作实际上都是通过记录集完成的。通过记录集对象，不仅可以对数据库中的数据进行浏览、查询等基本操作，而且还可对数据库中的数据进行添加、修改和删除等编辑操作。对于记录集的控制是通过它的属性和方法来实现的。下面针对记录集的浏览操作和编辑操作分类介绍记录集常用的属性和方法。

10.3.1　记录集的浏览

Recordset 提供了多个属性和方法来实现记录浏览。

1. AbsolutePosition 属性

AbsolutePosition 返回当前记录指针的位置，如果是第 n 条记录，其值为 n。

2. RecordCount 属性

RecordCount 返回记录集中的记录数目。

例 10-4　修改例 10-2，在 ADO 控件的标题区显示当前记录号和记录总数，如图 10.20 所示。

要在 ADO 控件的标题区显示当前记录号和记录总数，只需在 Adodc1_MoveComplete 事件中加入如下代码：

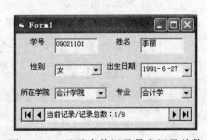

图 10.20　显示当前记录号和记录总数

```
Adodc1.Caption="当前记录/记录总数：" & Adodc1.Recordset.AbsolutePosition & "/" &
Adodc1.Recordset.RecordCount
```

3. BOF 和 EOF 属性

BOF 判定记录指针是否指向首记录之前，若是，则 BOF 为 True。与此类似，EOF 判定记录指针是否在末记录之后。

4. Move 方法

使用 Move 方法可代替对 ADO 数据控件对象的 4 个导航按钮  的操作浏览记录。Move 方法包括：

(1) MoveFirst 方法：移至第一条记录。

(2) MovePrevious 方法：移至上一条记录。

(3) MoveNext 方法：移至下一条记录。

(4) MoveLast 方法：移至最后一条记录。

使用 Move 方法后，记录指针的移动如图 10.21 所示。

图 10.21　移动记录指针

5. Find 方法

记录集的 Find 方法搜索记录集中满足指定条件的第一条记录。如果条件符合，则记录集定位到找到的记录上，使之成为当前记录；否则，按搜索方向将记录指针定位到记录集的末尾或起始位置前。其语法格式为：

```
Recordset.Find 条件字符串[,[位移],[搜索方向],[起始位置]]
```

(1) 条件字符串是用 >、<、=或 Like 等关系运算符构成的关系表达式，包含用于搜索的字段名、关系运算符和值。其中，值可以是字符串、数值或者日期，字符串值以单引号分界（如"学号='09061101'"）；日期值以"#"分界（如"出生日期>#1990/1/1#"）。

例如，语句 Adodc1.Recordset.Find "学号='09061101'"，表示在由 Adodc1 的记录集中查找学号为 09061101 的记录。

一般情况下，查找条件表达式常采用变量表示，如下所示：

```
Dim xh As String
xh=InputBox("请输入学号")
Adodc1.Recordset.Find "学号='" & xh & "'"
```

使用 Like 运算符时，值可以包含"＊"，"＊"代表任意字符，使之可进行模糊查询。例如：要在记录集内查找唐姓学生记录，可使用语句

```
Adodc1.Recordset.Find 姓名 Like "唐＊"
```

(2) 位移是可选项，其默认值为 0。它指定从开始位置位移 *n* 条记录后开始搜索。

(3) 搜索方向是可选项，其值可为 adSearchForward（向记录集尾部）或

adSearchBackward(向记录集开始)。

(4) 起始位置为可选项,指定搜索的起始位置。默认从当前位置开始搜索。

例如,从首记录开始查找学号为 09061101 的学生记录,可使用语句 Adodc1.Recordset.Find "学号='09061101'",,,1,该语句中起始位置项设为1,表示从第一条记录开始搜索,而位移和搜索方向两个选项默认。

例 10-5 设计窗体,用命令按钮替代 ADO 数据控件上 4 个箭头按钮的功能,并增加一个"查找"按钮,使用 Find 方法根据学号查找记录。

在例 10-2 的基础上,增加 1 个框架控件、5 个命令按钮,将 ADO 控件的 Visible 属性设置为 False 将其隐藏,如图 10.22 所示。然后通过对前 4 个命令按钮的编程,使用 Move 方法就可实现 ADO 控件的导航按钮 ◄◄ ◄ ► ►► 的功能。

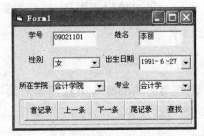

图 10.22 用按钮替代 ADO 控件的箭头按钮

命令按钮 Command1_Click 事件移至第一条记录,代码如下:

```
Private Sub Command1_Click()
    Adodc1.Recordset.MoveFirst
End Sub
```

命令按钮 Command4_Click 事件移至最后一条记录,代码如下:

```
Private Sub Command4_Click()
    Adodc1.Recordset.MoveLast
End Sub
```

命令按钮 Command2 和 Command3 的代码需要考虑记录集的首尾边界。如果记录指针位于边界(BOF 或 EOF 为 True),则用 MoveFirst 方法定位到第一条记录或用 MoveLast 方法定位到最后一条记录。程序代码如下:

```
Private Sub Command2_Click()
  Adodc1.Recordset.MovePrevious
  If Adodc1.Recordset.BOF Then Adodc1.Recordset.MoveFirst
End Sub
Private Sub Command3_Click()
  Adodc1.Recordset.MoveNext
  If Adodc1.Recordset.EOF Then Adodc1.Recordset.MoveLast
End Sub
```

"查找"按钮的程序代码如下:

```
Private Sub Command5_Click()
  Dim no As String
  no=InputBox("请输入学号")
```

```
        Adodc1.Recordset.Find "学号='" & no & "'", , , 1
        If Adodc1.Recordset.EOF Then MsgBox "无此学号!"
End Sub
```

10.3.2　记录集的编辑

对记录集的编辑主要指对记录的添加、删除、修改操作,可通过 AddNew、Delete 和 Update 方法实现。其语法格式为 ADO 数据控件.Recordset.方法名。

1. 添加记录

记录集的 AddNew 方法用于添加一条新记录。可以先用 AddNew 方法添加一条空记录,然后通过绑定控件为字段赋值,最后调用记录集的 Update 方法将新记录保存到数据库。

2. 删除记录

记录集 Delete 方法用于删除记录。从记录集中删除记录很简单,只要移到所要删除的记录并调用 Delete 方法即可。与添加记录不同,删除记录不需要使用 Update 方法。

注意:在使用 Delete 方法时,当前记录立即删除,不加任何的警告或者提示。在实际应用中,最好先使用 MsgBox 函数弹出提示信息,待确认后再调用 Delete 方法删除当前记录。删除记录后,被数据库所约束的绑定控件仍旧显示该记录的内容。因此,必须移动记录指针刷新显示,一般采用移至下一记录的处理方法。在移动记录指针后,应检查 EOF 属性,判断是否移至末记录之后。

3. 修改记录

数据控件自动提供了修改现有记录的能力,当直接改变被数据库所约束的绑定控件的内容后,只要改变记录集的指针或调用 Update 方法,即可将所做的修改保存到数据库。

如果要放弃对数据所做的修改,可调用 CancelUpdate 方法,但必须在使用 Update 方法前调用。

例 10-6　在例 10-5 的基础上加入"新增"、"删除"、"修改"、"放弃"和"结束"5 个按钮,并通过编程实现相应的功能,如图 10.23 所示。

新增按钮的 Click 事件调用 AddNew 方法在数据集中增加一条空记录。程序代码如下:

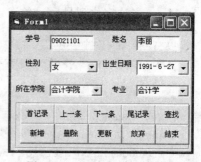

图 10.23　记录集的编辑功能

```
Private Sub Command6_Click()
    Adodc1.Recordset.AddNew          '调用 AddNew 方法添加一条空记录
End Sub
```

删除按钮的 Click 事件的处理是首先给出删除提示信息,确认删除后调用 Delete 方法删除当前记录并移动记录指针。程序代码如下:

```
Private Sub Command7_Click()
    ask=MsgBox("确定要删除吗?", Visual BasicYesNo)    '提示是否确定删除记录
    If ask=Visual BasicYes Then                      '选择 Yes 按钮
        Adodc1.Recordset.Delete                      '调用 Delete 方法删除记录
        Adodc1.Recordset.MoveNext                    '移动记录指针刷新显示
        If Adodc1.Recordset.EOF Then Adodc1.Recordset.MoveLast
    End If
End Sub
```

更新按钮的 Click 事件调用 Update 方法将新增记录或修改后的数据写入数据库。程序代码如下:

```
Private Sub Command8_Click()
    Adodc1.Recordset.Update          '调用 Update 方法将所做的修改写入数据库
End Sub
```

放弃按钮的 Click 事件调用 CancelUpdate 方法取消未调用 Update 方法前对记录所做的所有修改。程序代码如下:

```
Private Sub Command9_Click()
    Adodc1.Recordset.CancelUpdate    '调用 CancelUpdate 方法取消修改
End Sub
```

结束按钮的程序代码如下:

```
Private Sub Command10_Click()
    End
End Sub
```

10.4 查询与统计

在数据库应用程序中,查询与统计是较为常见的操作,其功能通常可使用 SQL 语句来实现。

10.4.1 数据查询

从数据表中选择部分数据构成记录集,需要将 RecordSource 属性设置为 SQL 语句。

例 10-7 设计一个应用程序,在表格中显示 Student.mdb 数据库中数学专业学生的基本信息,如图 10.24 所示。

首先在 ADO 控件的"属性页"对话框的"通用"选项卡中设置连接字符串,然后在"记

录源"选项卡的"命令类型"下拉列表框中选择 1-adCmdText 选项,在"命令文本(SQL)"框中输入"Select * From 基本信息 Where 专业＝"数学"",如图 10.25 所示。

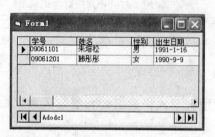

图 10.24　在表格中显示部分记录

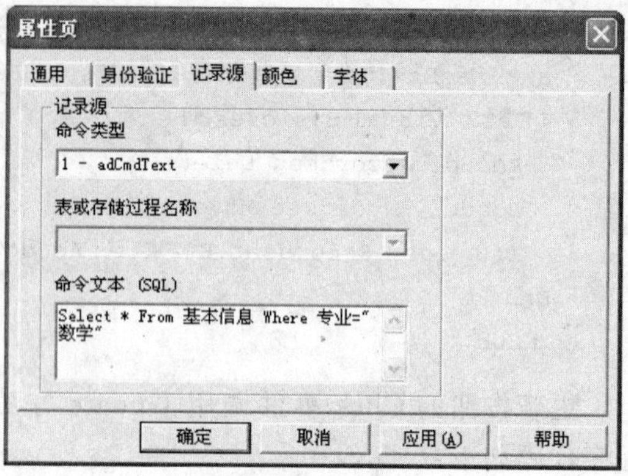

图 10.25　使用 SQL 语句

本例实现了按特定条件查询的功能,如果查询条件在程序设计时不确定,而在程序执行过程中方能确定,这需要用代码实现数据库的连接和记录集的产生。其关键是在程序执行中设置 ADO 数据控件的 ConnectionString 属性值,并将 CommandType 属性设置为 1(adCmdText),将 RecordSource 属性设置为 SQL 语句,然后用 Refresh 方法激活。

例 10-8　设计一个应用程序,根据输入的专业,在表格中显示 Student.mdb 数据库中该专业学生的基本信息,如图 10.26 所示。

在窗体上添加 ADO 控件、DataGrid 控件、标签、文本框和命令按钮,并设置 DataGrid 控件的 DataSource 属性为 Adodc1。

在 Form_Load 事件中用代码设置 ADO 数据控件的 ConnectionString 属性和 CommandType 属性;在 Command1_Click 事件中用代码设置 RecordSource 属性。程序代码如下:

图 10.26　数据查询

```
Private Sub Form_Load()
  Dim mpath$, mlink$
  mpath=App.Path                                    '获取程序所在路径
  If Right(mpath, 1) <>"\" Then mpath=mpath+"\"      '判断是否为子目录
  mlink="Provider=Microsoft.Jet.OLEDB.4.0;"         '指定提供程序
  mlink=mlink+"Data Source="+mpath+"Student.mdb"    '指定数据源
  Adodc1.ConnectionString=mlink                     '设置连接字符串
  Adodc1.CommandType=adCmdText                       '指定命令类型(可在设计时指定)
End Sub

Private Sub Command1_Click()
  If Text1 <>"" Then                                 '设置数据源
    Adodc1.RecordSource="Select * From 基本信息 Where 专业='" & Trim(Text1) & "'"
```

```
    Else
        Adodc1.RecordSource="Select * From 基本信息"
    End If
    Adodc1.Refresh                                           '用 Refresh 方法激活
End Sub
```

在本例中,在文本框中输入专业名称,根据该专业名称进行查询。其实也可获取数据库中的专业名称并显示在数据列表框或数据组合框中,这样可减少输入的麻烦。

例 10-9 设计一个应用程序,在数据列表框中显示专业名称,根据选定的专业在表格中显示 Student.mdb 数据库中该专业学生的基本信息,如图 10.27 所示。

在窗体上添加 DataGrid 控件、DataList 控件和两个 ADO 控件。

数据列表框与数据组合框都属于 ActiveX 控件,需通过选择"工程"菜单中的"部件"命令再选择 Microsoft DataList Control 6.0(OLEDB)选项将其添加到工具箱中。

图 10.27 使用数据列表框进行数据查询

两个 ADO 控件分别从数据库中获取不同的数据。Adodc1 控件用于从数据库中获取专业名称并在 DataList1 中显示,为获取不重复的专业名称,设置 Adodc1 的基本属性时,需在"命令文本(SQL)"框中输入"Select Distinct 专业 From 基本信息";Adodc2 控件用于产生 DataList1 中某专业的查询结果,设置 DataGrid 控件的 DataSource 属性为 Adodc2。

需要注意的是,DataList 的数据绑定与普通控件有所不同,列表框中显示的数据由 RowSource 属性和 ListField 属性决定。BoundColumn 为 DataList 传递出来的数据源字段,而 BoundText 为传递出来的字段值。根据题意,设置 RowSource 属性为 Adodc1,ListField 属性和 BoundColumn 属性为"专业"。

Form_Load 事件的代码与例 10-8 相同。DataList1_Click 事件用于对 Adodc2 控件产生记录集,程序代码如下:

```
Private Sub DataList1_Click()
    Adodc2.RecordSource="Select * From 基本信息 Where 专业='" &
    DataList1.BoundText & "'"
    Adodc2.Refresh
End Sub
```

10.4.2 数据统计

统计程序的设计与数据查询类似,所不同的是在 SQL 语句中要使用合计函数和分组功能。

例 10-10 设计一个应用程序,分别按所在学院、专业、出生年份统计学生人数,如图

10.28 所示。

在窗体上添加 ADO 控件、DataGrid 控件和 3 个命令按钮。

按所在学院统计学生人数,需使用 SQL 语句
"Select 所在学院,Count(*) As 人数 From 基本
信息 Group By 所在学院"。按专业统计学生人数
与此类似。按出生年份统计学生人数,由于基本信
息表中没有出生年份字段,只有出生日期,可使用
Year(出生日期)得到出生年份,作为分组依据。

图 10.28　数据统计

Form_Load 事件的代码与例 10-8 相同。
Command1_Click 事件实现按所在学院统计人数,
Command2_Click 事件实现按专业统计人数,Command3_Click 事件实现按出生年份统计
人数。程序代码如下:

```
Private Sub Command1_Click()
    Adodc1.RecordSource="Select 所在学院,Count(*) As 人数 From 基本信息 Group By 所
    在学院"
    Adodc1.Refresh
End Sub

Private Sub Command2_Click()
    Adodc1.RecordSource="Select 专业,Count(*) As 人数 From 基本信息 Group By 专业"
    Adodc1.Refresh
End Sub

Private Sub Command3_Click()
    Adodc1.RecordSource="Select Year(出生日期) As 出生年份,Count(*) As 人数 From 基
    本信息 Group By Year(出生日期)"
    Adodc1.Refresh
End Sub
```

习　题　10

1. 什么是关系数据库?
2. 记录、字段、表与数据库之间的关系是什么?
3. 简述 SQL 中常用的 SELECT 语句的基本格式和用法。
4. 简述使用 ADO 数据控件访问数据库的步骤。
5. 简述如何实现数据绑定。
6. 简述在 ADO 中浏览数据如何用代码实现。
7. 简述如何实现对数据库的增、删、改功能。
8. 简述如何实现数据的查询与统计。

参 考 文 献

[1] 龚沛曾,杨志强,陆慰民. Visual Basic 程序设计教程. 北京:高等教育出版社,2007.

[2] 涂英. Visual Basic 程序设计. 北京:清华大学出版社,2010.

[3] 高春艳. Visual Basic 开发实战宝典. 北京:清华大学出版社,2010.

[4] 罗朝盛. Visual Basic 程序设计教程. 第 3 版. 北京:人民邮电出版社,2009.

[5] 刘炳文编著. Visual Basic 程序设计教程. 北京:清华大学出版社,2009.

[6] 范慧琳,洪欣,冯姝婷. Visual Basic 程序设计学习指导与上机实践. 北京:清华大学出版社,2009.

[7] 张翼英. Visual Basic 课程设计. 北京:清华大学出版社,2008.

[8] 周峰. Visual Basic 案例开发集锦. 北京:电子工业出版社,2008.

[9] 陈明锐. Visual Basic 程序设计及应用教程. 北京:高等教育出版社,2008.

[10] 王萍,聂伟强. Visual Basic 程序设计基础教程. 第 2 版. 北京:清华大学出版社,2007.

[11] 林卓然. Visual Basic 程序设计教程. 第 2 版. 北京:电子工业出版社,2007.

[12] 李雁翎. Visual Basic 程序设计教程. 第 2 版. 北京:清华大学出版社,2007.

[13] 李书琴,陈勇. Visual Basic 程序设计基础. 北京:清华大学出版社,2006.

[14] 艾德才. Visual Basic 程序设计实用教程. 北京:中国水利水电出版社,2005.

[15] 罗朝盛. Visual Basic 程序设计实用教程. 北京:清华大学出版社,2004.

[16] 徐圣林. Visual Basic 程序设计学习辅导. 北京:清华大学出版社,2004.

[17] 李兰友. Visual Basic 程序设计教程. 天津:天津大学出版社,2004.

[18] 李军民. Visual Basic 程序设计简明教程. 西安:西安交通大学出版社,2003.

[19] 柳青,刘渝妍,何文华. Visual Basic 程序设计教程. 北京:高等教育出版社,2003.

[20] 高林,周海燕. Visual Basic 6.0 程序设计教程. 北京:人民邮电出版社,2003.

高等学校计算机基础教育教材精选